高等院校设计类专业辅导教材

# 十五天玩转

## 手绘自由表现·建筑篇

Master Achtechture Hand-drawing Free Performance in 15 Days

北京七视野文化创意发展有限公司 策划

丛书主编/刘程伟 周贯宇 张盼 王雪垠 本册主编/周贯宇 丁可

七手绘 QI SHOUHUI

U0351942

中国建筑工业出版社

CHINA ARCHITECTURE & BUILDING PRESS

**图书在版编目（CIP）数据**

十五天玩转手绘自由表现·建筑篇/周贯宇，丁可
本册主编.—北京 ：中国建筑工业出版社，2015.1
（高等院校设计类专业辅导教材）

ISBN 978-7-112-17433-1

Ⅰ．①十… Ⅱ．①周…②丁… Ⅲ.①建筑设计-绘画技法　 Ⅳ.
①TU204

中国版本图书馆CIP数据核字（2014）第256358号


责任编辑：费海玲　 杜一鸣

责任校对：李欣慰　 关健

编委会（排名不分先后，按姓氏拼音首字母先后排序）

董娅娜　 刘　虎　 胡　栋

张　盼　 赵小庆　 邹　喆

高 等 院 校 设 计 类 专 业 辅 导 教 材

**十五天玩转手绘自由表现·建筑篇**

北京七视野文化创意发展有限公司 策划
丛书主编:刘程伟　 周贯宇　张盼　 王雪垠
本册主编:周贯宇　 丁　可
*
中国建筑工业出版社出版、发行（北京西郊百万庄）
各地新华书店、建筑书店经销
北京方嘉彩色印刷有限责任公司印刷
*
开本：787×1092毫米　 1/12　 印张：$16\frac{1}{3}$　 字数：304千字
2015年1月第一版　 2015年1月第一次印刷
定价：70.00元
ISBN 978-7-112-17433-1
　　　　（26253）

# 序言

在空间设计领域中，审美能力、观察能力、交流能力、表现能力等都是很重要的专业素质，良好的手绘表现能力成为一个设计师必备的基础素养。手绘的自由表现不仅是呈现与表达设计成果的手段，更是一种理解设计内涵，能让设计师提高审美品位、洞察能力，与艺术家的敏锐度相融的绝佳途径。与如今仍受青睐和追捧的电脑渲染相比，它更注重创意的捕捉，注重设计的细致推敲过程。在设计过程中，手绘伴随设计师抓住转瞬即逝的灵感，使设计更具创意；在与业主交流之时，手绘指引设计师充分传达想法，使沟通更深入高效。因此，手绘不只是一项快捷表达的技能，更是一门博大精深、洞见设计之未来的艺术。

当今市面关于手绘表现的书层出不穷，多以固化模式诠释由来已久的内容，让初学者难以提起兴趣，作出取舍。这种模式化，主要体现在两点，一是偏离了"因材施教"，用同样的手法去指导所有的学生，千画一面，结果是严重同质化，这样就丧失了手绘的艺术性。固有的表现手法，看似能让学习者快速入门，但以失去个性为代价，是得不偿失的。表现手法如被固定化，对于设计这个因活力、趣味、创意及个性而骄傲的行业来说，将是一个令人担忧的悲剧。二是画面失去了多维度的焦点，不能鉴证多元个性与独到理解的复合，对于"空间感"的体验与表达，需要每个学习者个人用手眼达至体悟，引导者不能磨灭个体对空间表达的把握，若画面失去了对空间独到的理解，也会黯然失色。

手绘对于设计创意与空间理解具有如此举足轻重的地位，那么如何去练习？从这个有趣的机构，可以得出些许见解。第一，方法是很重要的。人们常说的"勤学苦练"，并不是没有目标，而是要学对方法，再苦练求取进步。若方法不当盲目苦练，那么距离目标会越来越远。大量识读各种风格类型的作品，提高眼界的同时，选取适合自己个性的方式与风格。选择相对应的表现语言，再将空间的尺度感与个人的想法融入其中，自然事半功倍。第二，练习的过程中尽量找到手绘和兴趣的结合点。若都画专业领域里的东西，久了不免枯燥，失去对基础性绘画的乐趣，而手绘也源于绘画，是愉悦之事，也就能得以坚持。所以不妨试着表现喜爱的东西，不带目标也没有压力地去描绘。第三，要有持之以恒的学习精神。在技能不够熟练的时候，往往难以随心所欲、酣畅淋漓地表达出自己想要的效果，但只要练对方法技巧，持之以恒地付出，最终一定会到达准确与潇洒的彼岸，从量变走向质变！

据笔者了解，"七手绘"是新锐的、充满活力和朝气并日臻成熟的艺术教育机构,其教育理念力争走在本行业的前沿——注重手绘的多元化发展，崇尚个性、拒绝模式化。这些理念均非常贴合当今教育的需求，也紧随手绘之源——绘画中自然而然的精髓，这使人们有理由相信：人人都是艺术家，人人都能有独特的创意及对空间尺度相宜的反应！从创办之初到如今的蓬勃发展，"七手绘"始终保持满腔的热情，对设计表达及艺术教育有着切实的思考和个案的研究，注重"因材施教"，在打牢基础的过程中，不放弃个性的培养，注重用艺术教育激发正能量，挖掘学习者、爱好者及普通非专业群体的深层潜力，提升在生活中的艺术感觉及美学素质。有这样的导向意识与规划思想，相信会有更全面多元的发展。

笔者翻阅本书数遍，与作者交谈良久，发现著作内容翔实，层次丰富，确实印证了反模式化的理念。文字与图画虽静默无言，却不难看出作者的用心、立场和坚持，从设计生活中的一个点，拓展对美的思想与设计精神的追求，这在现今后辈青年中实属难得。作此序，以勉励广大的青年学友、同行竞相学习，共同进步！

# 前言

在一个思维活动整体中，手绘能捕捉瞬间即逝的灵感、记录自己的想法，在方案推敲过程中促进与设计师及业主的便捷沟通、向甲方展现最终的效果，每一步都体现了手绘自由表达无可替代的作用以及重要性。儿童涂鸦、艺术家速写创作、插画动画师人物场景设定、设计师概念的推敲、创意师文案的表达，这些都可以统称为手绘自由表达，而不能简单地定义为手绘快速表现，一旦理解为快速表现，那就少了很多手绘表达的多样性与灵活性。手绘自由表达是手与思维最紧密的结合，最完美的同步。手绘快速表现这一概念从来没有人去质疑，使得许多新手认为手绘只要快就行，而手绘表达，其中最重要的是灵活自由的表达，如忽略了自由这一便捷性的概念，那就积累不了许多经验，表达事物都流于形式。从笔者多年的教学经验得出，必须重新审视手绘表达，将手绘的自由性发挥得淋漓尽致。手绘自由表达不仅仅是一种表达手段，更是思维推敲演练的最佳媒介。手绘自由表达更重要的目的是表达我们的思维，将脑子里瞬间即逝的灵感火花捕捉住，强调的是随时、随地、随意。

手绘自由表达的四大功能：

1. 捕捉性：生活中瞬间即逝的灵感

2. 记录性：旅行中的所见所闻

3. 沟通性：工作中的思维沟通利器

4. 展示性：思维活动成果展现

而现在大部分人只重视手绘的展示性功能，这无异于捡了芝麻丢了西瓜。

如今市面上关于表现类别的书籍层出不穷，诸如线条的练习、单体的刻画等相关技能的讲解，以掌握了许多表面技巧而变得模式化，忽略了手绘的灵活性与趣味性，没有能力与意识自由地表达思想、记录自己脑海中的准确想法。

反模式化：目前许多相关的培训班把手绘效果图表现性这一次要功能发挥得尽善尽美，而忽略自由的表达，那么应运而生的各种模式就出现了，在此我们呼吁广大手绘学习及爱好者应当尽情、随意、自由地描绘自己的生活艺术。

设计思维的爆发阶段与艺术创作的草图速写阶段类似，所以手绘自由表达的艺术性、自由性、随机性对活跃设计思维的作用是巨大的，手绘草图能激发与开拓设计者的思维空间、想象力与创造力，唤醒设计的欲望，设计表达应从重视技术转到思维与技法的完美结合，即强调表现设计思维由产生到结果的层层递进关系上来。图像表达的多样性就体现在构思的各个阶段，手绘自由表达应更侧重草图技能与创意分析图等方面的积累。作为设计师，徒手草图能力是一项十分重要的专业技能，是不可以丢弃的，许多设计师仅仅只用电脑去表达，以至于许多方案设计起来很被动。另外随着业主的文化素质逐渐提高，对设计的艺术性以及合理性的要求越来越高，并不只是简单看一下逼真的电脑效果图。所以手绘自由表达是持之以恒的事情，它的作用主要体现在用手绘自由表达、记录生活想法的过程中，潜移默化地提高审美能力、艺术设计素养，改善人们观察生活的方式，养成良好的习惯。

# 本书使用说明

这是一本实用、高效的教程型手绘表现书籍。传统的手绘都以量作为突破的硬道理，但"七手绘"教研组在众多艺术教育专家、高校教授指导下，经过长期教学实践和研究已总结出一套与时俱进的高效练习方法。传统的手绘线稿练习都是以先画单体，再画完整图的逻辑进行教学，绝大部分人虽能画出精细的单体，但还是难以画出满意的空间线稿，主要原因在于画完整图前没有熟练的结构线、装饰线练习和透视空间比例意识。上色时只能画出固定的效果而不能充分表达设计，模式化手绘表现方式限制了设计者。

针对上述问题，"七手绘"将课程章节内容及顺序进行了革新：

1. 每章节前有一页原理图，用于理清学习思路、逻辑关系及章节要点，并附有时间表，用于控制练习时间和数量，书中范例有详细的分析讲解，对您手绘的进步速度有至关重要的作用。

2. 章节特点及优势

第一章：线。通过多种练线方法了解线的本质，熟练结构线与装饰线，为之后的透视练习打下良好基础，找到适合自己个性的线条。

第二章：空间透视。在透视练习中重点强化透视意识和观察方法，让有限的练习起到事半功倍的效果，运用结构线参照法、空间比例推敲法，能根据平、立面图精准地画出人视图和鸟瞰图。

第三章：建筑元素。在元素练习中重点了解建筑结构与自然形式规律，不同元素有不同的绘制要领，各个攻破。

第四章：线稿处理。以强烈的空间透视意识和各类型的建筑元素作为基础，在画完整图时对线稿进行处理的多种方法更加易懂易学，课程中剖析画面本质问题，授课过程效率极高而且轻松愉快。

第五章：马克表现。与传统的马克笔上色不同，课程讲解色彩本质问题 -- 色彩原理，深入分析马克笔笔法和性能，并大力研究和改进工具，运用各种"神器"弥补马克笔的不足之处，可以绘制出各种各样的画面效果。

经过"七手绘"反模式化训练能让您学会多元化的表现方式；能让设计的特点和创意得到充分表达；能大大增强您的创新能力。

# 目录

# Contents

# 第一章

## 线

万

宗　　　　　归

线

## 第一节 线的本质

　　笔者将线条的练习概念分为结构线与装饰线。结构线可以理解为物体的外轮廓线、空间透视线。其作用为稳固形体、统一画面、贯穿空间，是画面的骨架。所以结构线需要干净利索、肯定、坚实有力。装饰线包括物体的肌理刻画、细节刻画、质感刻画等装饰处理，是画面的血肉。

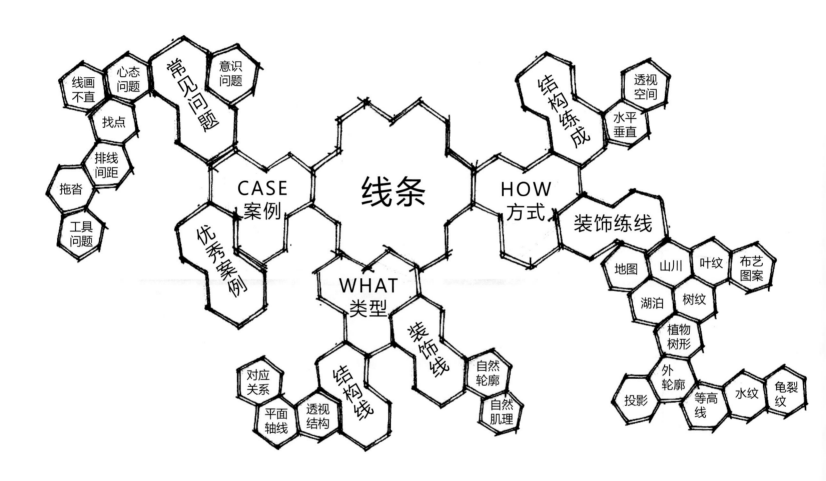

　　线条分为结构线与装饰线，在练习结构线与装饰线时有对应的练习方法，在课堂中进行优秀案例分析与常见问题分析。

| 练习内容 | 时间 | 纸张数 | 天数 |
|---|---|---|---|
| 平行垂直线 | 3 小时 | 10 张 | 共一天 |
| 透视结构线 | 3 小时 | 10 张 | |
| 装饰肌理线 | 4 小时 | 20 张 | |

# 第二节 握笔原则

## 2.1 错误握笔

初学者的握笔姿势会显得很僵硬，握笔的方式不对，因此画线时也会影响效果。比如线的方向、速度、力度都会减弱。不当的握笔姿势如写字一样容易遮挡视线。（图1）

## 2.2 中短线握笔

画中线时需要动手腕，短线只需动手指。画长短不一的线条需灵活运用关节点的位置，将笔尖所画区域暴露于视野之中，让眼睛能看见笔尖的走势，让作画者能精准控制线条的长短与间距。（图2）

## 2.3 长线握笔

画长线的两种用力方式。悬浮式：保持手指与腕部、肘部支点不动，围绕肩关节运动。肘部支点式：手指与手腕保持不动，围绕肘支点运动。（图3）

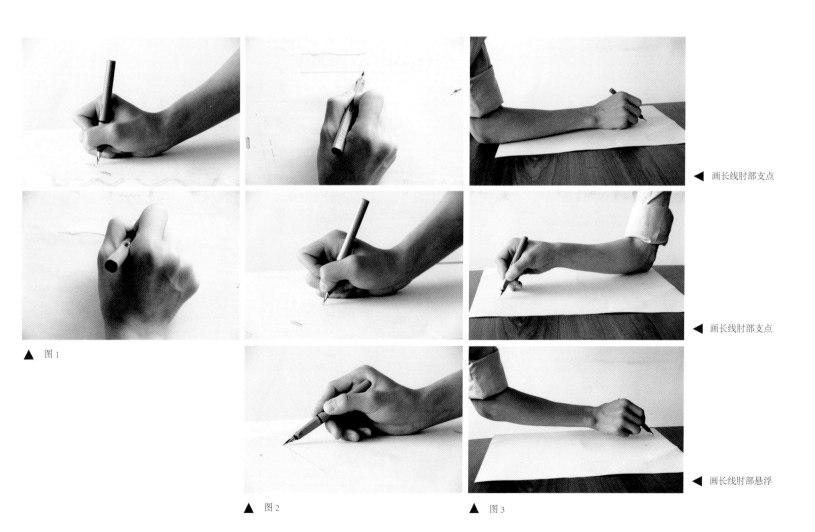

◀ 画长线肘部支点

◀ 画长线肘部支点

◀ 画长线肘部悬浮

▲ 图1

▲ 图2

▲ 图3

## 第三节　常见问题

### 3.1 问题心理分析

3.1.1　线的认识问题：认为画线只要直就好，画线的时候只把注意力集中在线条本身，孤立画线时很直，一旦在透视空间画线就不敢画。或者画的线飘、磨蹭、不肯定，线条的练习目的在于灵活自如地控制线条。

3.1.2　不敢画：害怕线条不直，所以画得很纠结，不肯定，不敢概括，应勇于突破心理障碍，在试错中成长。

3.1.3　磨线：害怕画不准，一点一点地磨，导致线条琐碎。应干净利索。

3.1.4　飘线：控制不了线条长度，画线头重脚轻，起笔与落笔不肯定，画线应目标点明确，养成找点画线的习惯。

### 3.2 错误案例分析

3.2.1　此图用笔拖沓，磨的痕迹太多，个别线条透视方向出现错误。直线用笔时要快速、利落、不磨、不拖沓、力度感强。

3.2.2　此图的垂直线与水平线均不够到位，排列装饰线时没有把控好间距及疏密关系。标准的一点透视里，要保持线条的垂直与水平。

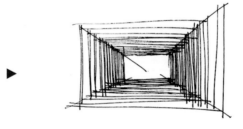
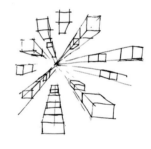

3.2.3　此图建筑物的装饰线没有按照建筑结构走。地面透视线完全忽略近大远小的透视规律。排线时应按照透视方向有规律地排线，并保持适当的间距。过多的装饰线会减弱结构线的效果，此时应再次强调结构线。

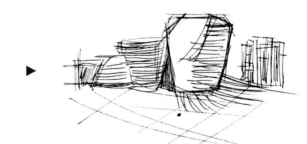

3.2.4　此图的左右两个灭点不在同一条水平线上，要注意排线间距与变化，遵循近疏远密的关系。

# 第四节 练习方式

## 4.1 结构线练习方式

### 4.1.1 平行垂直轴线练习法

此方法可以解决画线胆怯、握笔姿势错误、心情浮躁等问题，不断练习可以加强对线的控制力，能快速自如地画出平面结构图。

### 4.1.2 透视结构线练习方式

此方法练习积累到一定数量能快速准确地在透视空间中画线，同时能了解透视规律。

一点 ▶

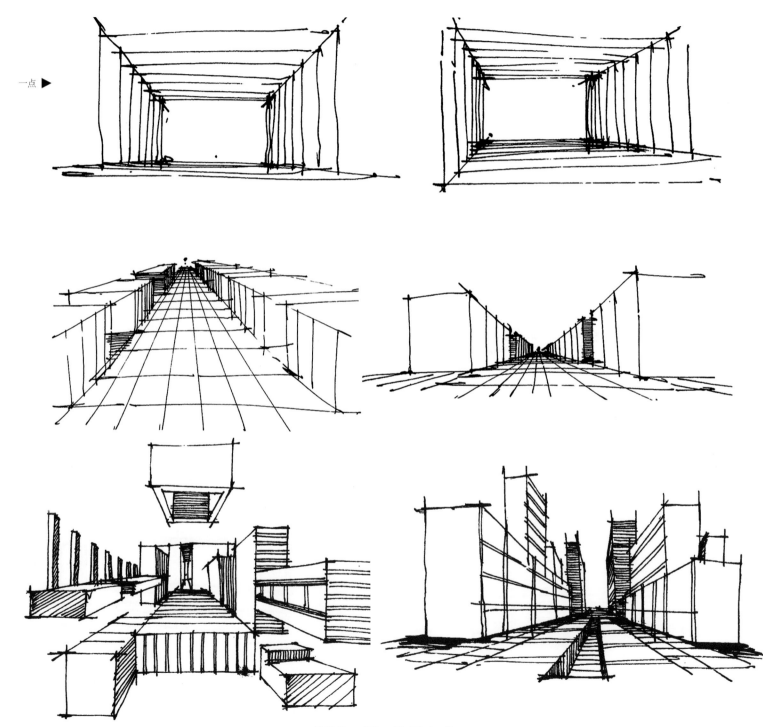

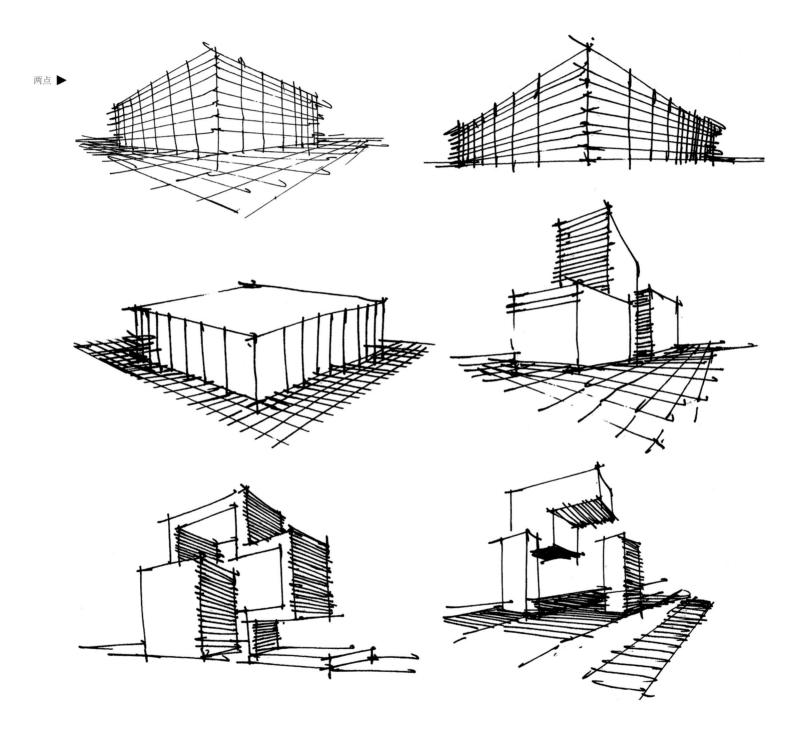

两点 ▶

## 4.2 装饰线练习方式

### 4.2.1 肌理线练习

熟悉不同材质外表的肌理感，同时可以锻炼线条表达细节的材质感与疏密关系。

### 4.2.2 轮廓节奏线练习（1）

　　此方法可以解决画线缺乏节奏感的问题。自然物体外轮廓都具备疏密、轻重、缓急等节奏感，只有反复用画笔寻找不同物体的外轮廓节奏感，徒手画出的轮廓线才有自然美感。

### 4.2.2　轮廓节奏线练习（2）

4.2.3 投影线练习

　　此方法能有效解决排线问题，认识线的本质作用，同时能快速地掌握透视规律。

　　练习几何体明暗关系时要注意控制线条的疏密、匀称等问题。

# 第二章 空间透视

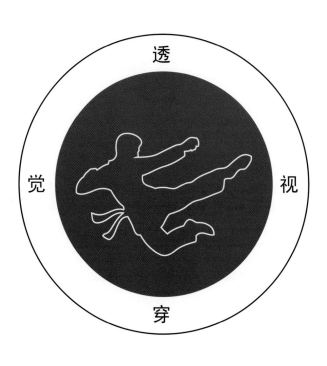

透

视

觉

穿

# 第一节 要点架构

透视分为一点、两点、三点透视，分别对其规律进行精细讲解，针对不同透视会有不同的观察方法和练习方法，在课堂中进行优秀案例分析与常见问题分析。

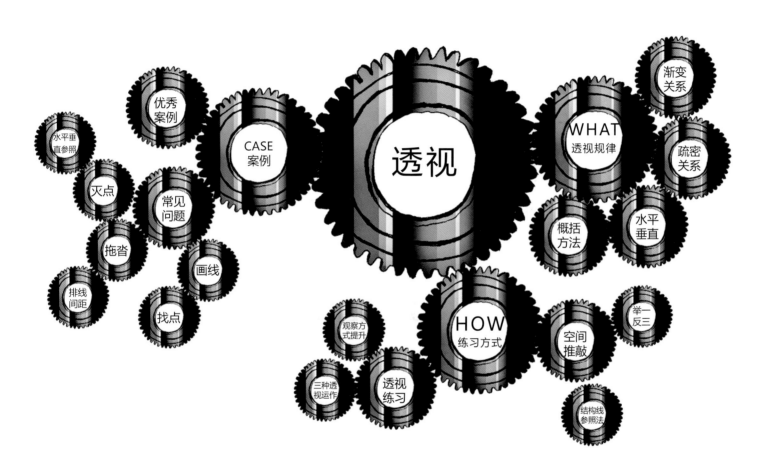

| 练习内容 | 时间 | 纸张数 | 天数 |
|---|---|---|---|
| 一点透视 | 10 小时 | 20 张 | 共三天 |
| 两点透视 | 10 小时 | 20 张 | |
| 空间推敲 | 10 小时 | 10 张 | |

## 第二节 一点透视

### 2.1 一点透视规律

　　画面只有一个消失点、画面中垂直的线永远垂直、水平线永远水平，近大远小、近疏远密、万线归宗。

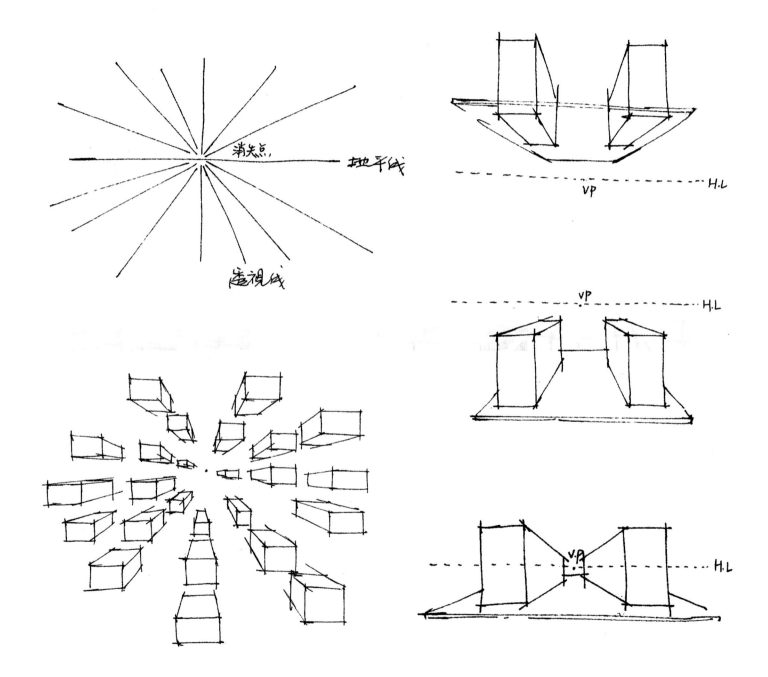

## 2.2 一点透视练习方式（1）

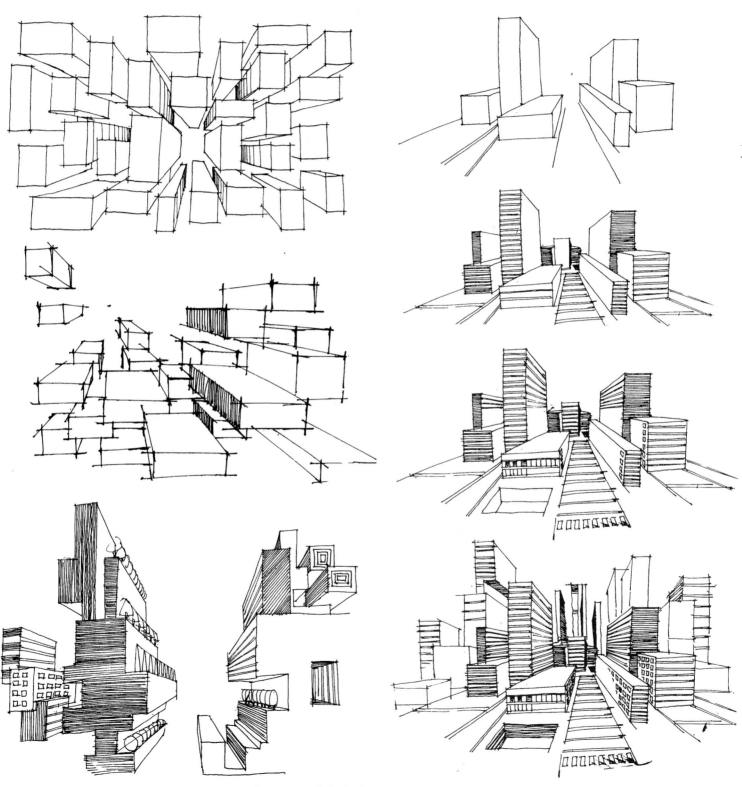

七手绘

十五天玩转手绘自由表现 · 建筑篇

Master Architecture Hand-drawing Free Performance in 15 Days

七手绘

## 第三节 两点透视

### 3.1 两点透视规律

　　两点透视空间中的物体与画面产生一定的角度，物体中处于同一面的结构线分别向左右两个灭点消失，空间中垂直线永远垂直，近大远小、近疏远密、左右透视线渐变消失于灭点。

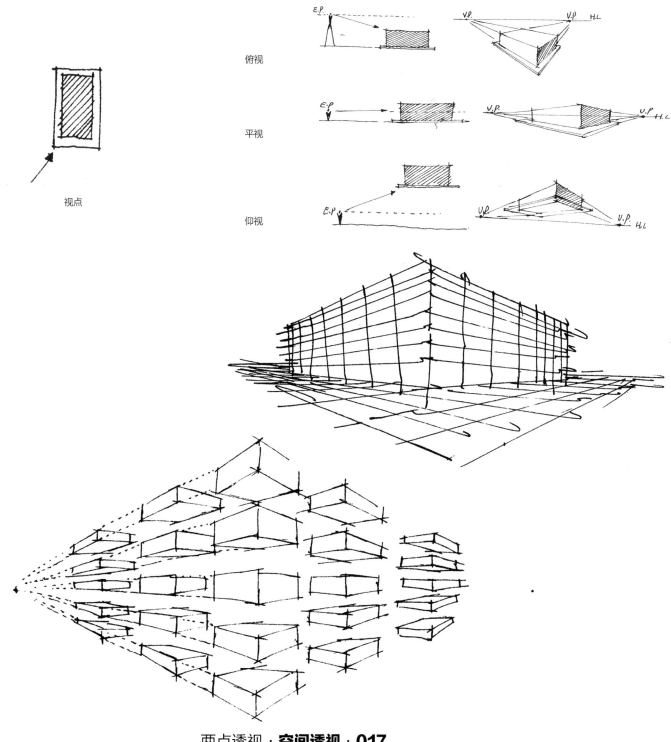

视点

俯视

平视

仰视

## 3.2 两点透视练习方式

此两点透视练习方法是通过控制两端灭点在画面中的不同位置变化，在不同的视点高度上用结构线提高透视方向线条的控制力。

此两点透视练习方法是通过对某一灭点的控制摆脱画面对另一灭点的依赖，凭借练习的熟练程度来加强对画面透视的整体把控。

# 第四节 空间推敲

## 空间推敲案例（1）

　　平面图向透视图转换时，应在已建立好的透视底面中，结合平面尺寸数据，找出平面图中对应点的位置，再通过一点透视或两点透视规律结合立面尺寸数据生成立体空间透视图。这一方法的掌握是创作者设计及空间转换思维能力的体现，所以掌握此方法尤为重要。

　　透视空间推敲详细说明：在平面图生成透视图的过程中，可把不规则平面图理解为不同的正方形组合，以正方形平面为例。

　　一点透视：视角越低变形越大，上下距离被压缩的程度就越大，顶边线与纵深线之间的开角也就会越大，不要把正方形的平面图生成透视图时画成长方形的透视图。一点透视中的物体水平与垂直在方向上不发生变化，正方形的中点是对角线的交点，依照中点原则即可定出透视图中和平面图对应的不同位置点。一个物体的高度一经确定，其他物体的高度则可通过透视延伸线来确定。

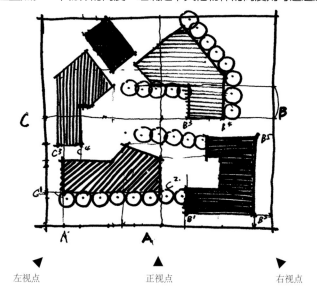

左视点　　正视点　　右视点

参考平面图

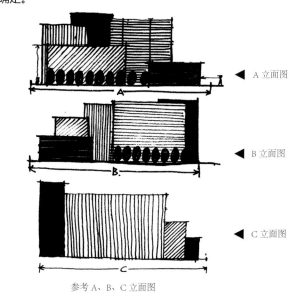

◀ A 立面图

◀ B 立面图

◀ C 立面图

参考 A、B、C 立面图

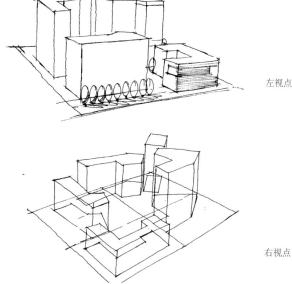

左视点

右视点

正视点

## 空间推敲案例（2）

两点透视：视角越低变形越大，上下距离被压缩的程度就越大，距离最近的两条边线的开角也就会越大，不要把正方形的平面图生成透视图时画成长方形的透视图。两点透视中物体的垂直方向不发生变化，正方形的中点是对角线的交点，依照中点原则即可定出透视图中和平面图对应的不同位置点。一经确定一个物体的高度，其他物体的高度则可通过透视延伸线来确定。

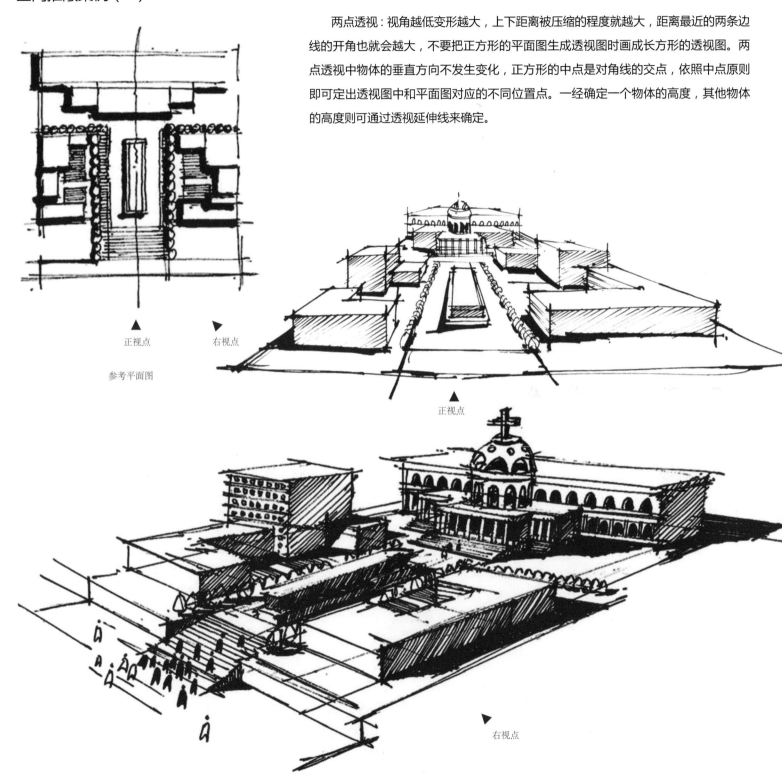

▲ 正视点　　▲ 右视点

参考平面图

▲ 正视点

▲ 右视点

# 空间推敲案例（3）

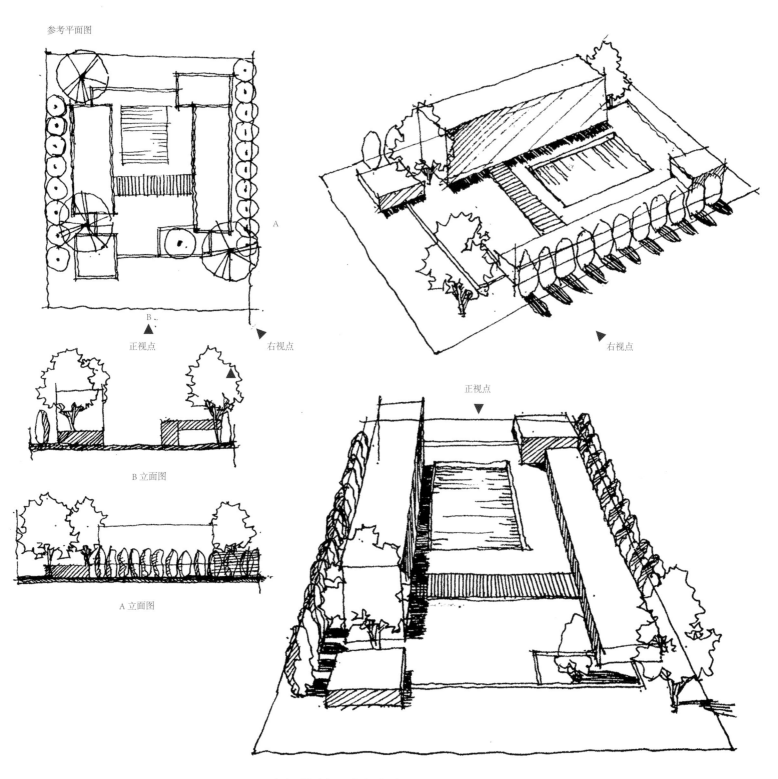

参考平面图

A

B

正视点

右视点

右视点

B 立面图

A 立面图

正视点

## 第五节 常见问题

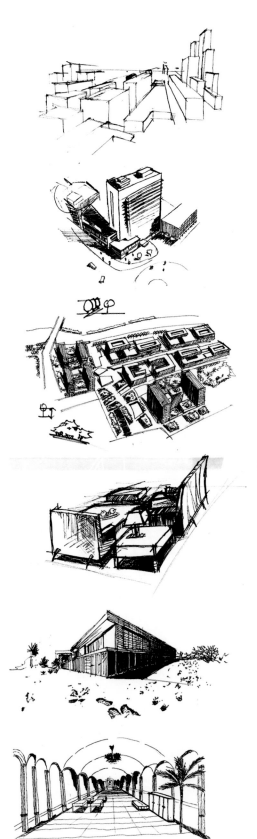

◀ 画线问题

　　定，不敢快速肯定下笔，应在勇敢试错中快速进步。

◀ 找点问题

　　目标点不明确容易画错位置关系，画线可以先找到目标点，比画几次后肯定地起笔落笔。

◀ 排线间距问题

　　排线间距不均匀容易出现画面乱的状况，排线间距的不同可以区分不同的面。排线时应先稳后快。

◀ 拖沓问题

　　这个问题是习惯造成的，习惯重复磨线，容易破坏形体结构，且显得不自信。画图要时刻提醒自己不能磨线。

◀ 灭点问题

　　两点透视左右灭点应该保持在同一水平线上。

◀ 水平线与垂直线参照问题

　　容易画歪的主要原因是没有整体地观察，水平线或垂直线可以参照纸面边界线。

# 第三章 建筑元素

元

籍                                        素

阳

## 第一节　元素要点架构

　　建筑元素的收集与练习中，分为部件、结构、铺装等人工元素，还有植物、山石等自然元素，首先要明确理解其结构形态特点，如门窗的对称性、植物的穿插关系。还要掌握元素之间的组合与叠加关系，这样画出的对象才能生动，并能灵活派生出不同的新元素。

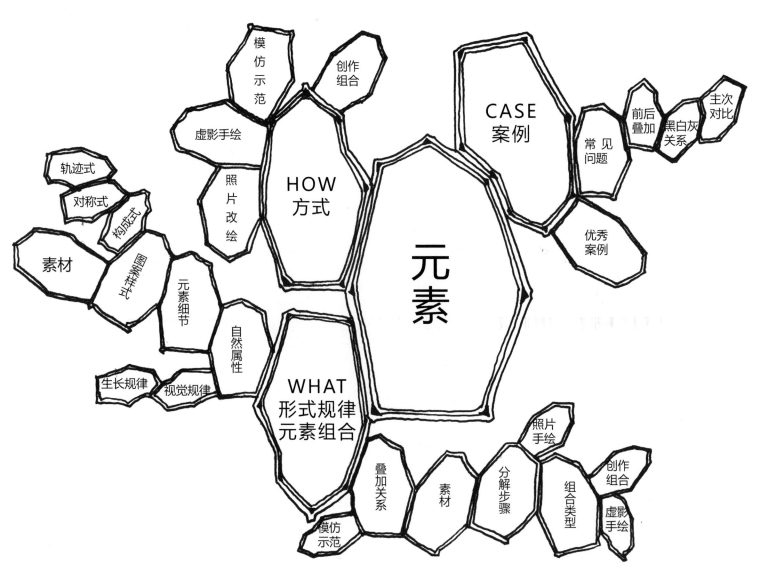

| 练习内容 | 时间 | 纸张数 | 天数 |
|---|---|---|---|
| 部件与结构 | 6 小时 | 20 张 | 共两天 |
| 常用植物 | 6 小时 | 10 张 | |
| 建筑速写 | 8 小时 | 20 张 | |

## 第二节 元素形式规律与临摹

### 2.1 建筑部件与结构

古典门窗柱式等建筑部件元素大多对称性强，装饰较多，结构元素的绘制注重透视规律和不同结构之间的穿插关系。

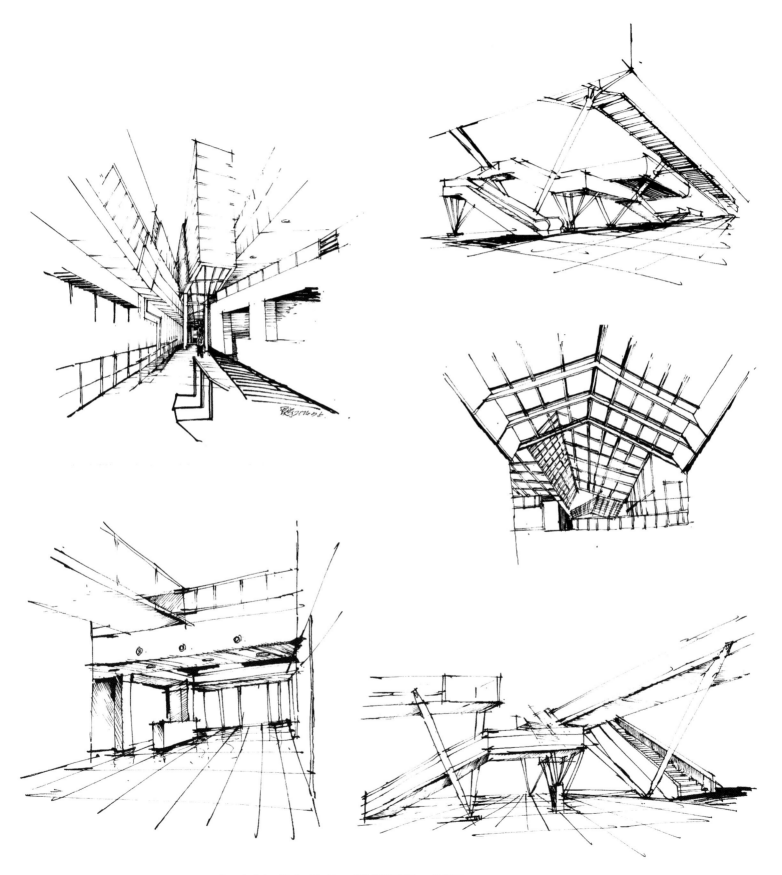

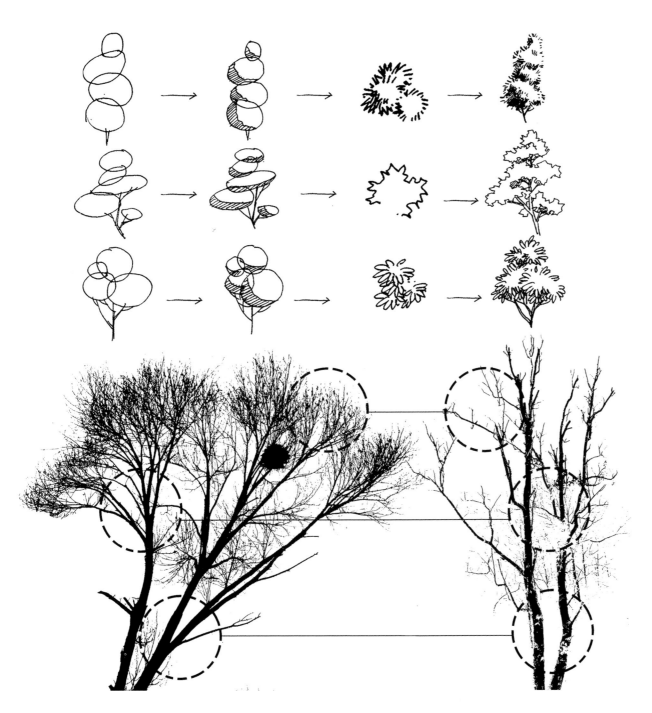

## 2.2 常用植物

　　自然植物姿态万千，各具特色。各种植物不同的树形、树干、枝叶以及不同的分枝方式决定了元素独特的形态特征。需要熟知植物的生长规律、树干与枝叶的穿插规律、植物的外轮廓规律。在此基础上进行概括总结，才能做到成竹在胸。

## A. 乔木

　　树木一般分为5部分：干、枝、叶、梢、根，从树的形态分有分枝、缠枝、细裂、结疤等，了解这些特征之后才能有针对性地找到起始点，如有的树形适合先画干后画枝，有的适合先画树叶再画枝干；在画乔木的过程中要注意树干的分枝习性，合理安排主干与次干的疏密布局等；树叶、树丛用笔要轻快灵巧，注意互相之间的组织与穿插感，老树结构丰富，曲折大，要描绘出苍劲感。"树分四枝"是指一棵树要有前后左右、四面伸展的枝干，这样才有立体交错感，只要理解这样的原理就能快速自由地画出树木来。

### a. 近景树

　　一般突出放大树的姿态与树形外轮廓，枝干的刻画及穿插关系要到位。

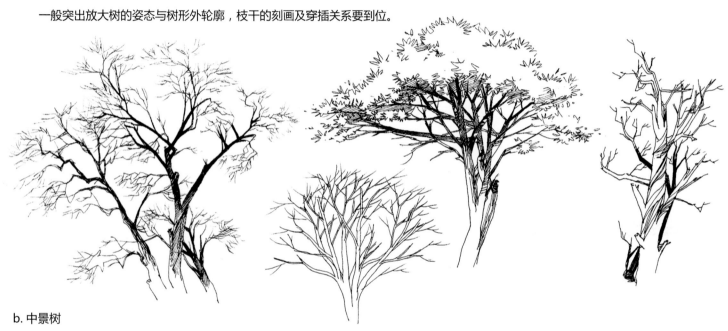

### b. 中景树

　　刻画要相对详细，需清楚地表现枝干的转折关系及枝干与树冠轮廓的穿插关系，主枝干忌只画单线而没有结构感。

c. 远景树

远景树一般要概括地画，只要表达出大的树形轮廓关系即可。

## B. 灌木

灌木比较矮小，没有明显的主干，一般为丛生状态。有观叶、观花、赏果、观枝之分。单株体量较大的灌木与乔木画法比较接近。灌木通常以片植为主，分自然式与规则式，绘制过程中注意体块间的交错、疏密与虚实关系。

## C. 草本

　　草本植物根据其生长规律，可以分为直立型、丛生型、攀线型等多种。绘制时需要画出大的外轮廓，边缘处理不可太呆板。若花草作前景，则需要就其形态特征进行深入刻画，若作远景就可几笔带过。攀线植物一般应用于花坛或者花架，需要尽量表现出其长短不一的趣味性，注重其与周边物体的遮挡关系。

## 2.3 铺装

　　铺装在景观设计中属于硬质景观造型，可根据不同材质的属性进行拼贴与组合设计。分有序拼贴与无序拼贴两类。有序的拼贴铺装规律易掌握，在把握表面形式规律的基础上注意疏密与透视关系即可。无序的铺装就更强调在绘画的过程中理解其疏密变化规律和多边形透视规律，作画过程中主观发挥性较强。

## 2.4 石景水景

景观山石：石头的种类很多，中国园林常用的石头有太湖石、黄石、青石、石林、鹅卵石等，不同的石材质感、色泽、纹理、形态等特性都不一样，因此画法也有不同特点。山石表现要根据石头的结构纹理特征来描绘，勾勒外轮廓迅速将黑白灰三个面区分，这样石头的立体感就有了，这也就是国画中的"石分三面"。

水景：水景在景观设计中就是运用其特质，让水的流动性贯穿整个空间，要画出水的特质，画出它的倒影，画出它的水纹肌理感。水因为反射一般呈现天蓝色，水有静水与动水之分：静水是相对静止的水面，水明如镜，可以清晰地见到投影。表现静止的水面可以用平行的直线或规整的小波浪线，排线要注重疏密变化以及倒影关系等。动水主要分瀑布、跌水、喷泉等，主要是表现其垂直方向的动水，在描绘时注意其与周边的物体的阻挡关系，虚实关系等。

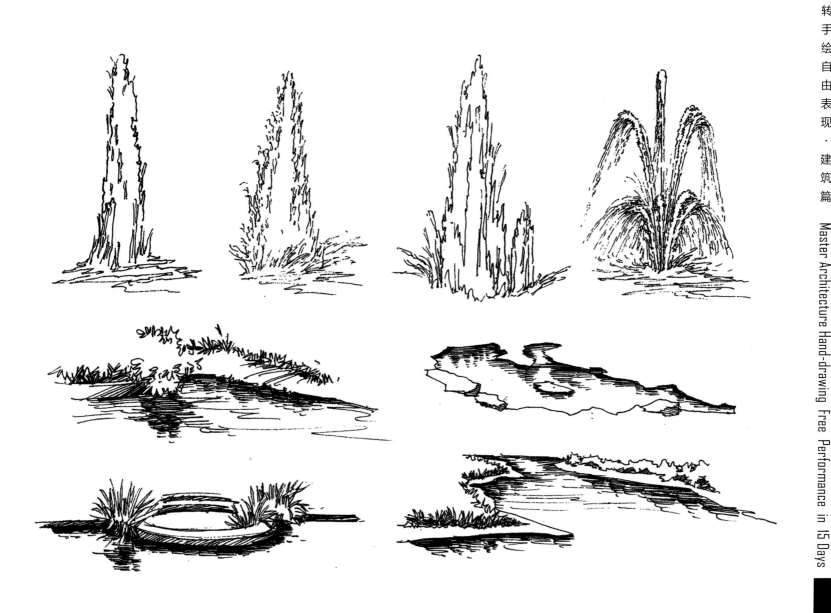

## 2.5 交通工具

　　绘制交通工具配景时注意其与景观建筑空间的比例关系以及透视关系，增强场景的氛围感。画车时以车轮直径比例来确定车身的长度及整体比例关系，车的后视镜、门窗、车灯等要有所交代。

## 2.6 人物

　　人物配景一般说来就是表现人物的动态以及比例组合关系，通过人物的姿态就可以判断出在什么样的空间场所。人物身体一般为 7 个头长左右，描绘时注意人物姿态，用笔干净利索，近景人物可表现得稍加具体。

## 2.7 平面元素（1）

　　平面图作为设计表现的一部分，注重空间尺度感与元素的疏密组合关系。需要熟悉乔灌草不同元素的基本图例表现，并结合地形的变化合理设计与安排元素的组合关系。

平面元素组合规律 ▶

平面元素组合形式 ▶

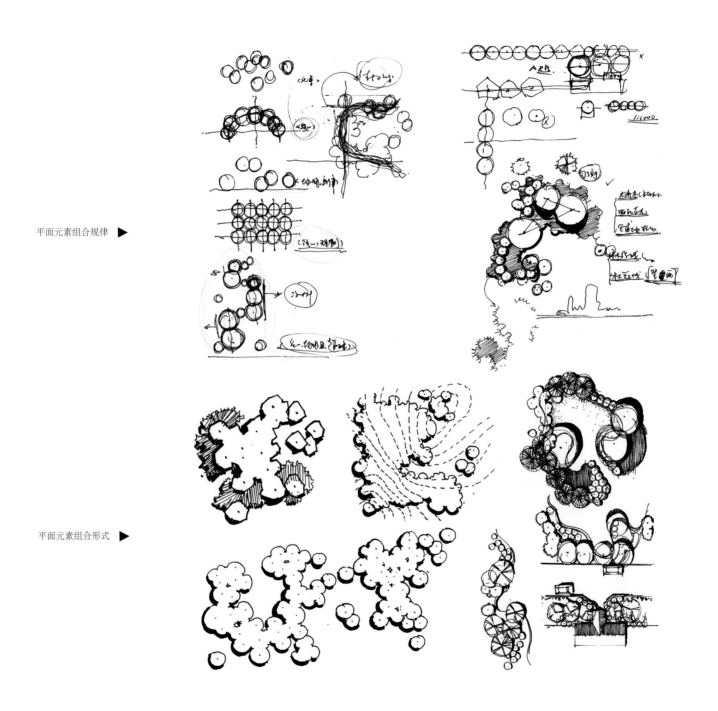

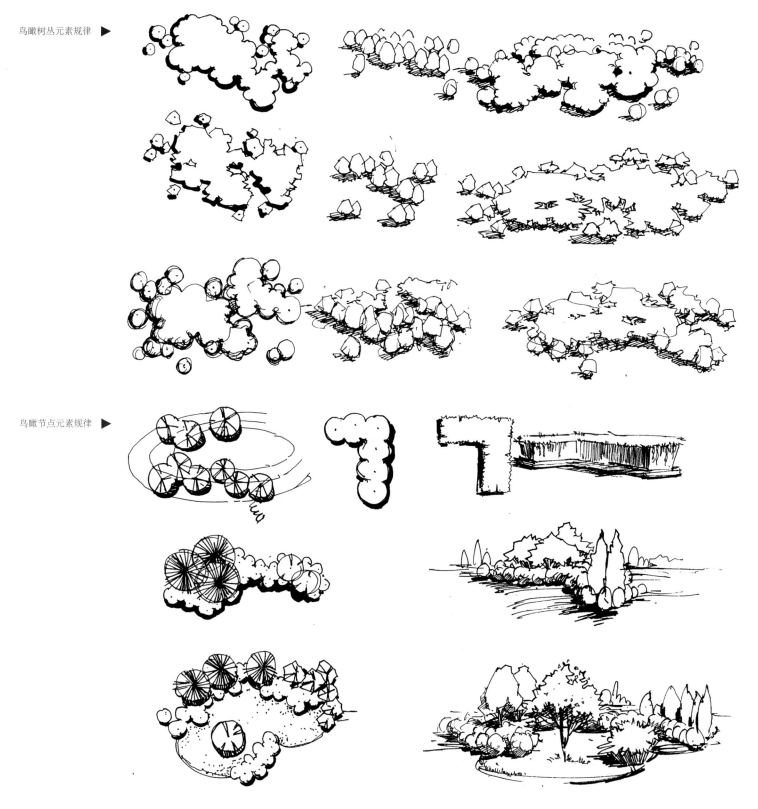

鸟瞰树丛元素规律 ▶

鸟瞰节点元素规律 ▶

## 2.7 平面元素（2）

　　平面图作为设计图纸，主要表现的是设计关系与空间关系等，所以特别注重尺度感，以及疏密组合感，在平面图绘制时要熟悉不同元素的基本图例表现，不能将效果图需要表现的细致程度纳入平面图表现中来，要以设计的角度看待平面图。

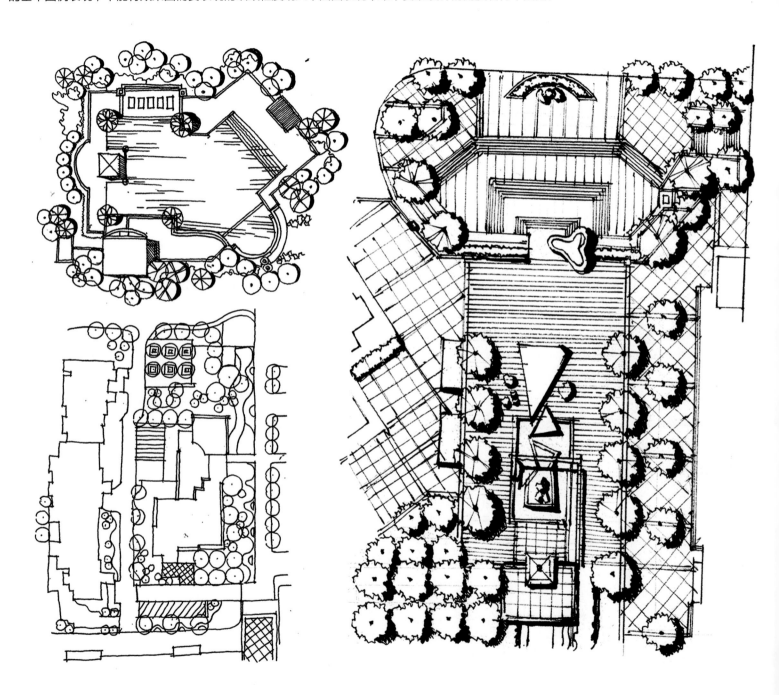

## 2.7 平面元素（3）

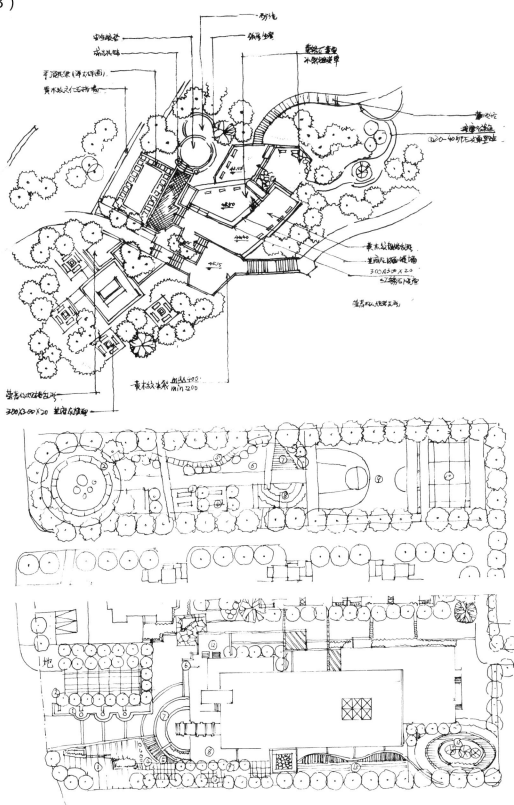

元素形式规律与临摹 · **建筑元素** · **041**

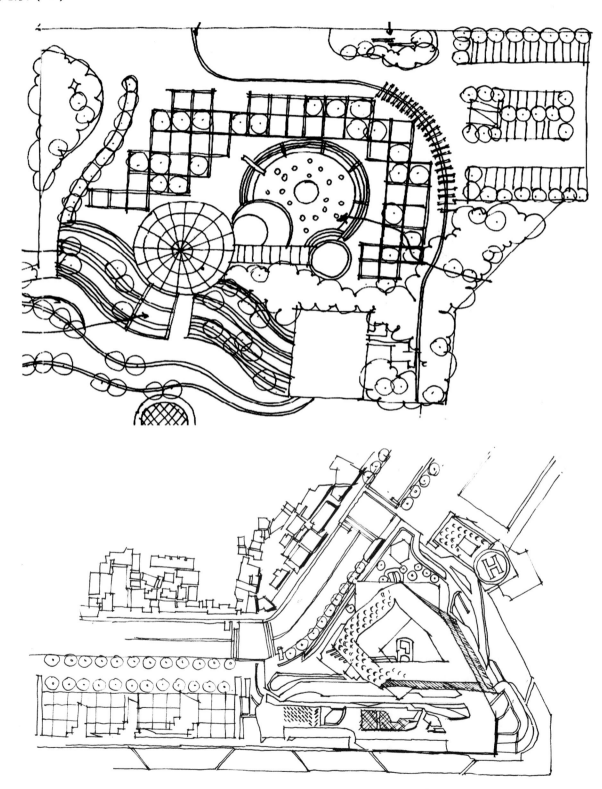

## 2.7 平面元素（5）

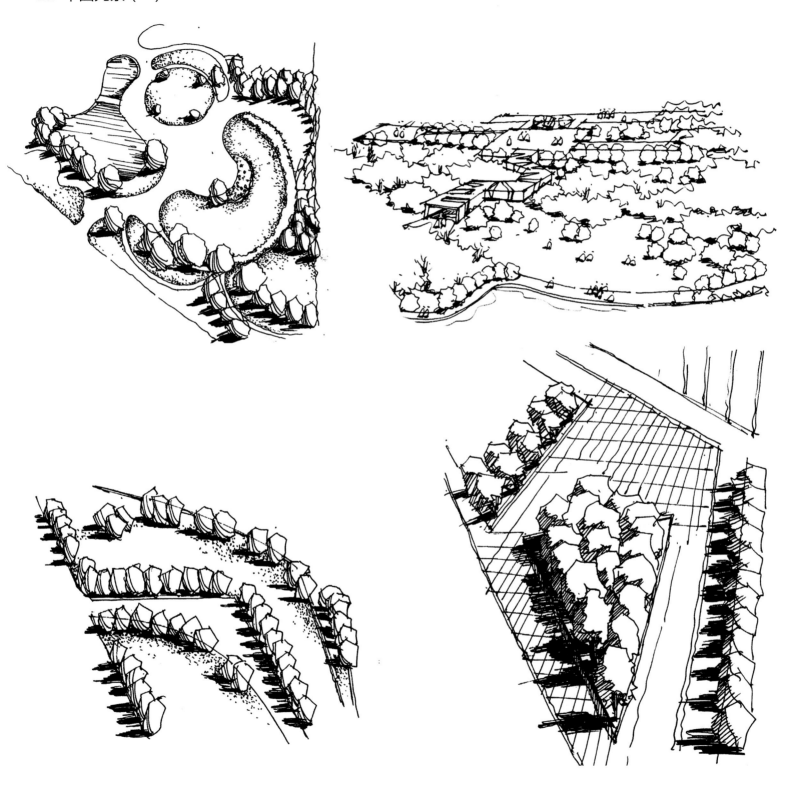

## 第三节　建筑速写临摹

　　建筑速写是快速表达建筑空间感受的手绘方式。建筑速写形式和材料多样，有钢笔速写、马克笔速写、钢笔淡彩、宣纸速写等。主要注重及时性、空间规律感、形体特征。概括、自由、放松是速写的主要线条特征。

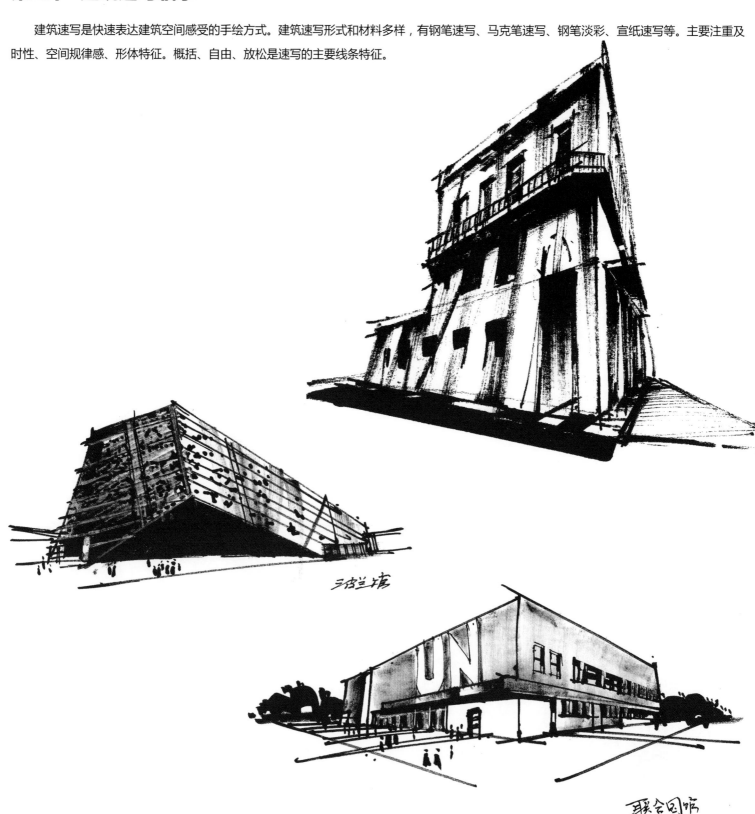

建筑速写临摹·**建筑元素·051**

# 第四章　线稿处理

书

面

雕

皮

## 第一节 画面本质

处理空间画面的本质在于处理对比关系，在处理对比关系时应掌握构图方式、点线面关系、黑白灰关系、空间虚实感、节奏感、留白方式、自然生长规律、生命力传达方式等。个人耐心问题、对细节的认识程度、元素的储存量也是影响画面效果的重要因素。

| 练习内容 | 时间 | 纸张数 | 天数 |
|---|---|---|---|
| 黑白灰 | 10 小时 | 10 张 | 共四天 |
| 空间虚实 | 10 小时 | 10 张 | |
| 细节刻画 | 10 小时 | 10 张 | |
| 综合表现 | 10 小时 | 10 张 | |

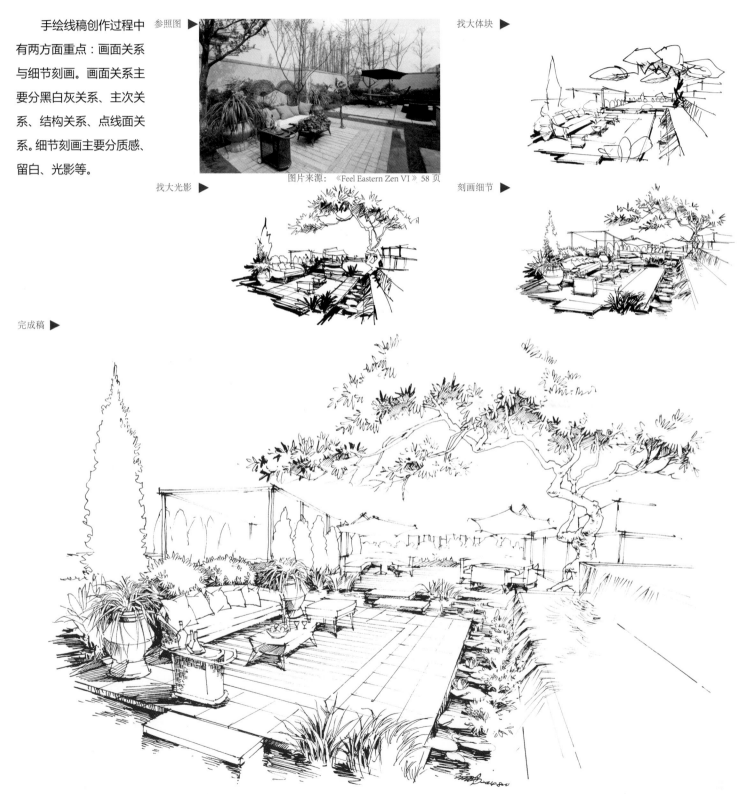

## 第二节 画面解析

手绘线稿创作过程中有两方面重点：画面关系与细节刻画。画面关系主要分黑白灰关系、主次关系、结构关系、点线面关系。细节刻画主要分质感、留白、光影等。

参照图 ▶

图片来源：《Feel Eastern Zen VI》58 页

找大体块 ▶

找大光影 ▶

刻画细节 ▶

完成稿 ▶

参照图 ▶

图片来源：《Feel Eastern Zen VI》77 页

找大体块 ▶

找大光影 ▶

刻画细节 ▶

完成稿 ▶

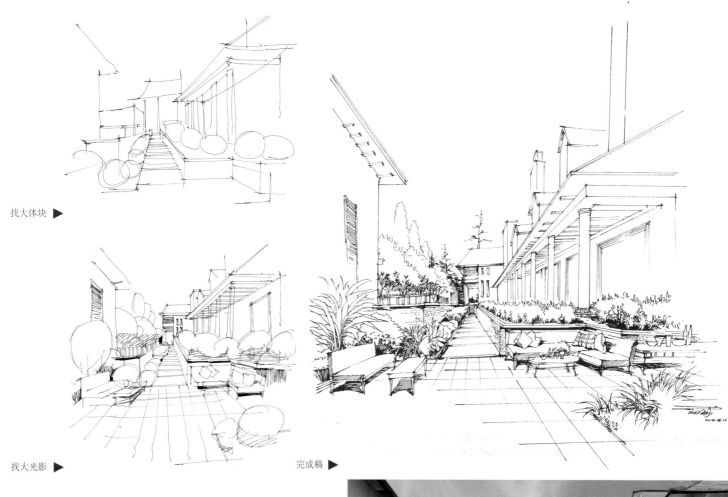

找大体块 ▶

找大光影 ▶

完成稿 ▶

刻画细节 ▶

参照图 ▶

图片来源：《Feel Eastern Zen VI》55 页

**058** · **线稿处理** · **画面解析**

# 第三节 常见问题

黑白灰问题 ▶

此图黑白灰关系不明确，暗面投影及物体的固有色要有序区分。在做足光影关系之后再考虑物体本身固有色。固有色与光影关系处理不好，画面容易显得灰，光感不足。

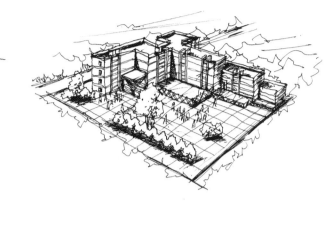

结构问题 ▶

结构指画面应在透视线、结构线的统领下安排画面布局，结构出现问题导致画面透视不准、碎、乱、花。

留白问题 ▶

留白相对难度较大，体现个人绘画意识与画面艺术处理能力。一般在刻画对象受光面、边线、考虑画面构图的时候要注意留白。

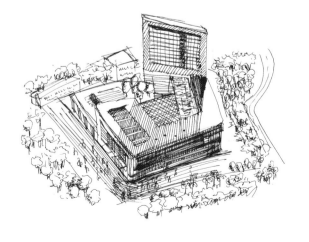

▼ 碎与散问题

　　明暗关系不明确，用线断断续续、刻画对象形体结构不连贯导致了画面的碎与散。

▼ 排线问题

　　排线不整齐，没有按照刻画对象结构线或透视方向线条排线。线条方向乱，且交差线多造成了画面排线问题。

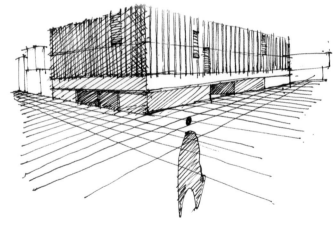

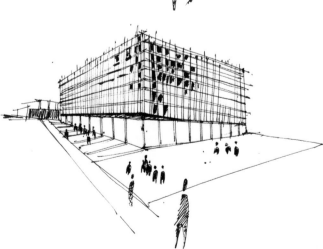

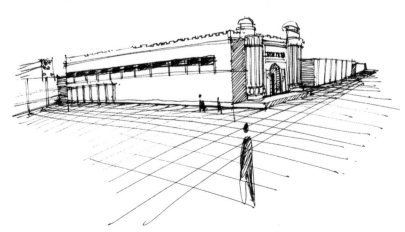

## 第四节　练习内容

### 4.1 建筑单体

**064** · 线稿处理 · 练习内容

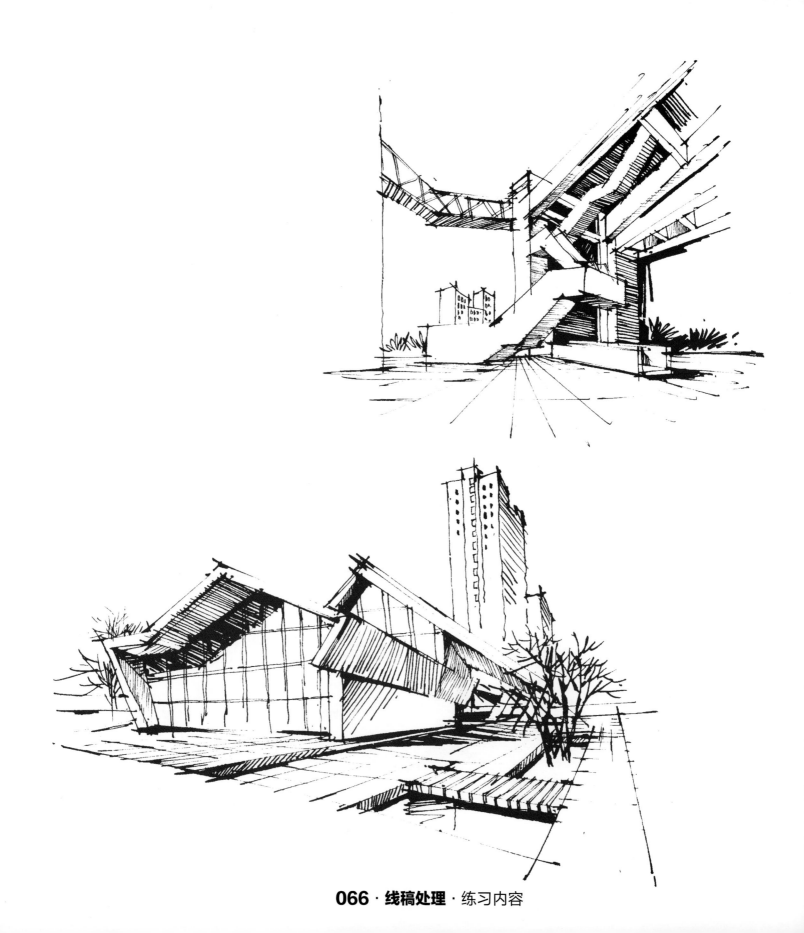

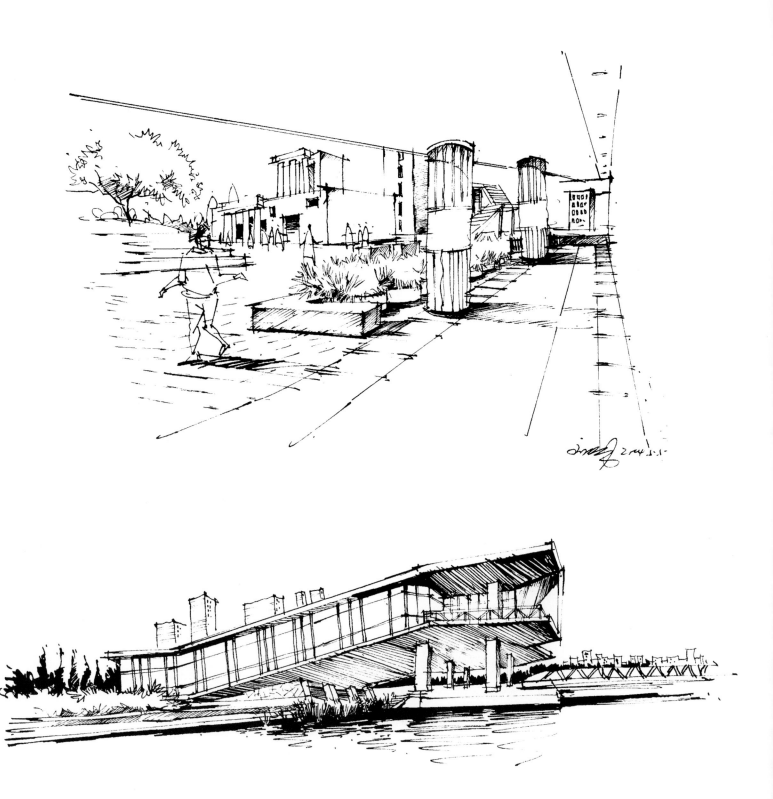

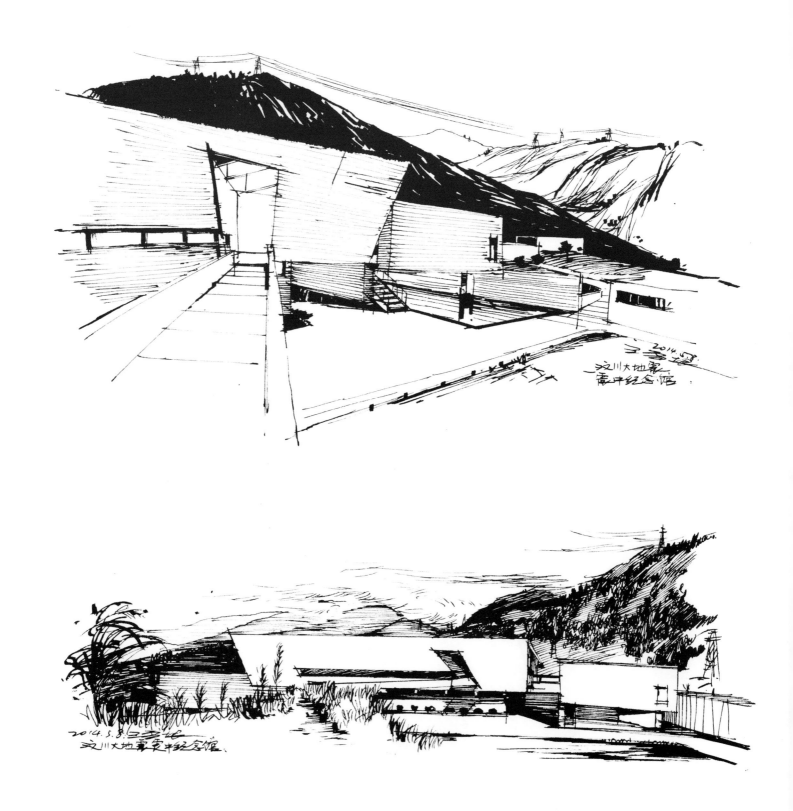

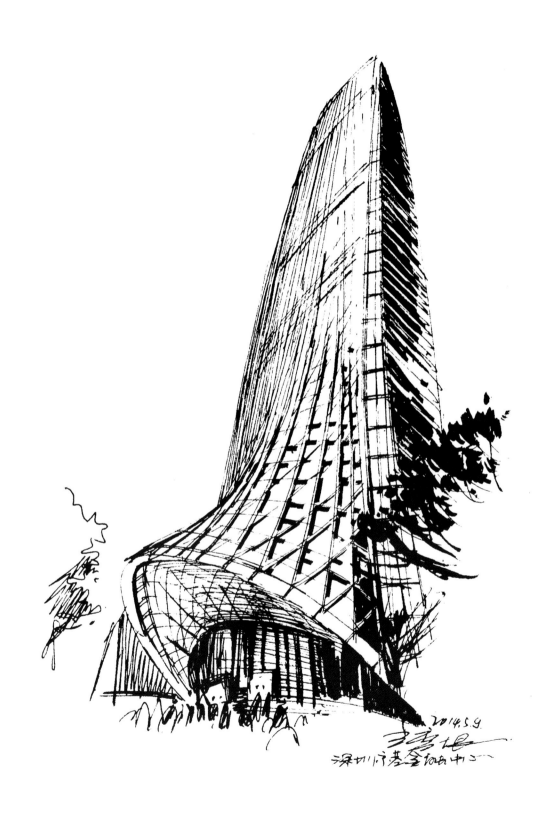

2014.5.9.

深圳市基金金融中心

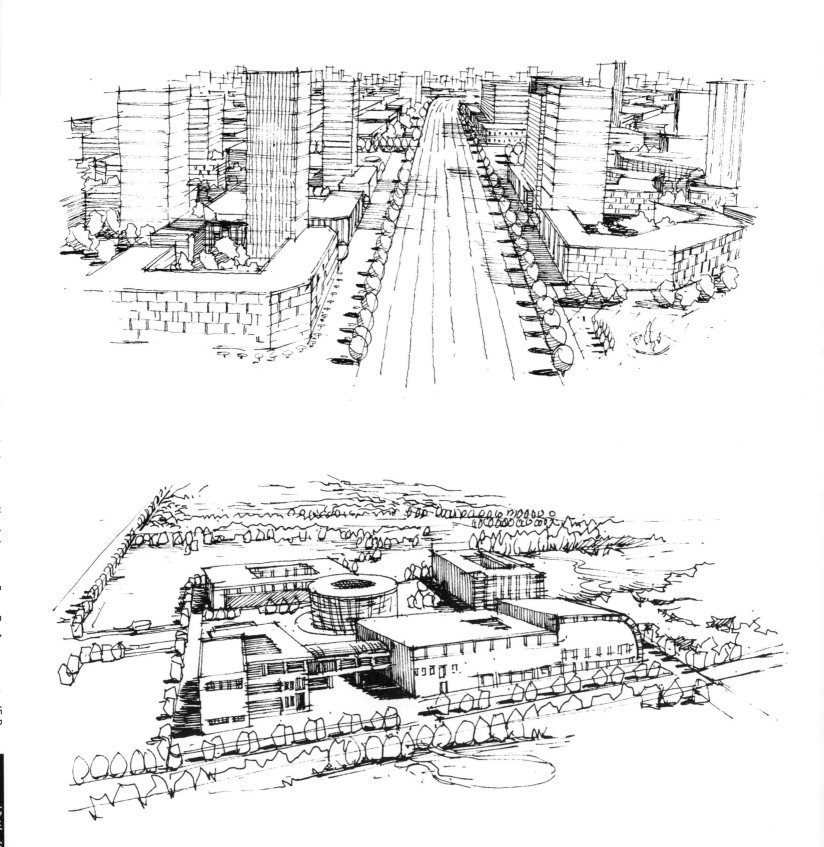

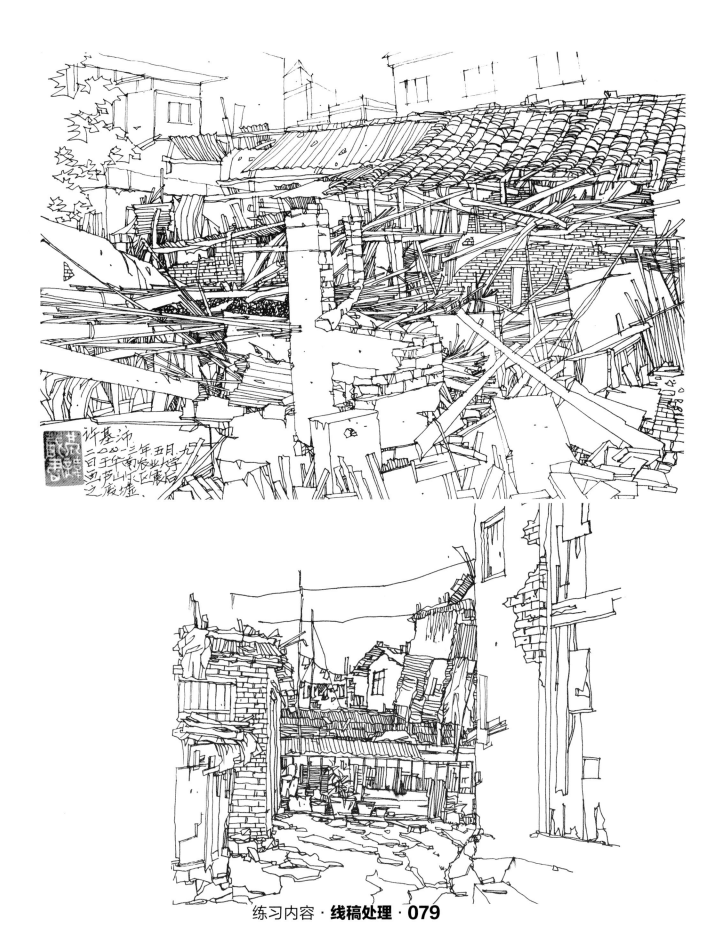

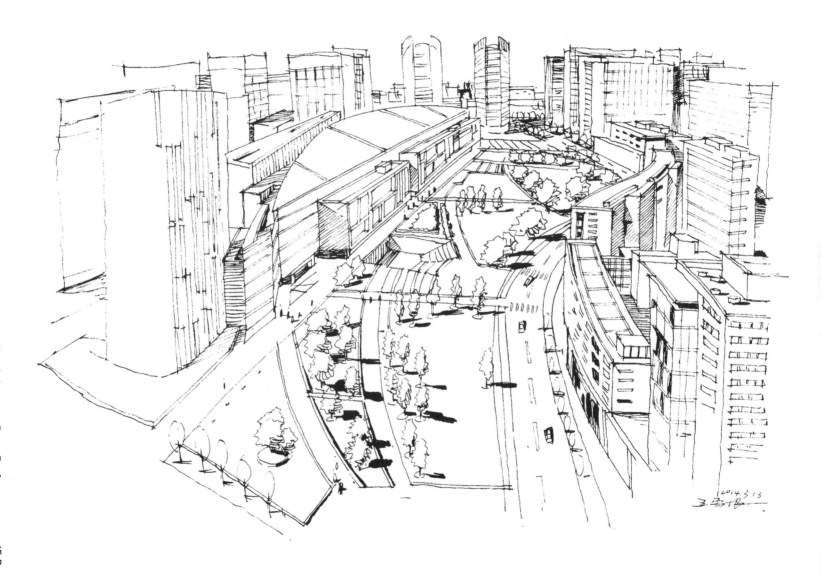

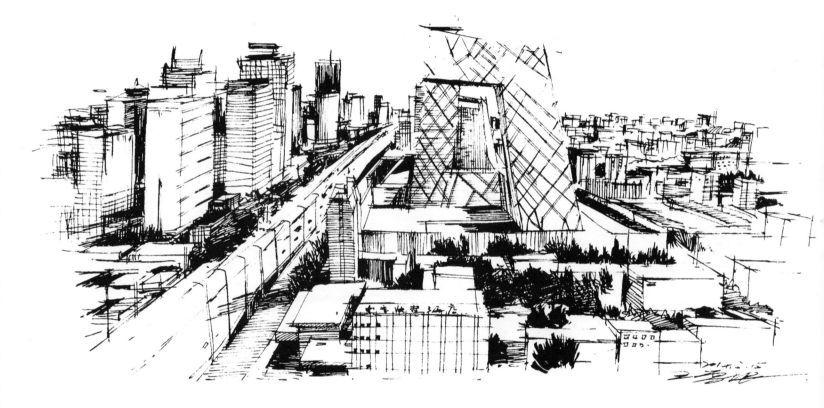

## 4.2 建筑群落

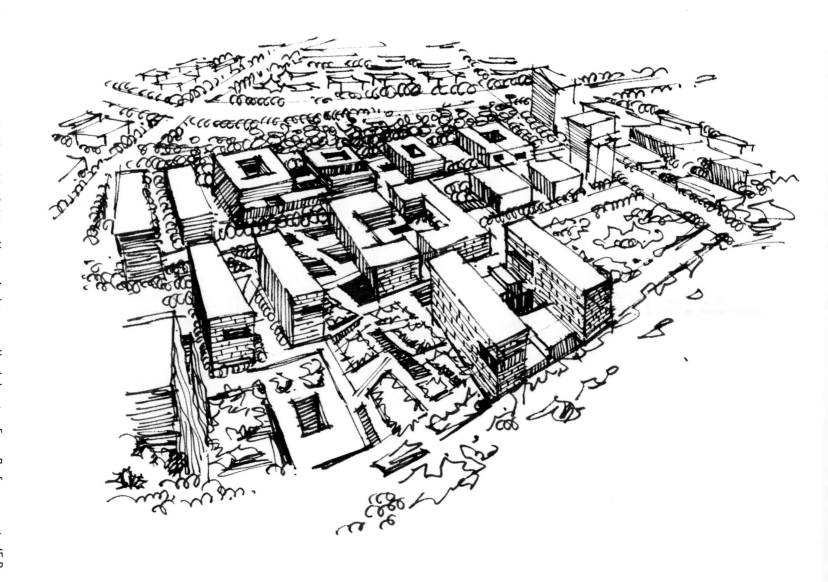

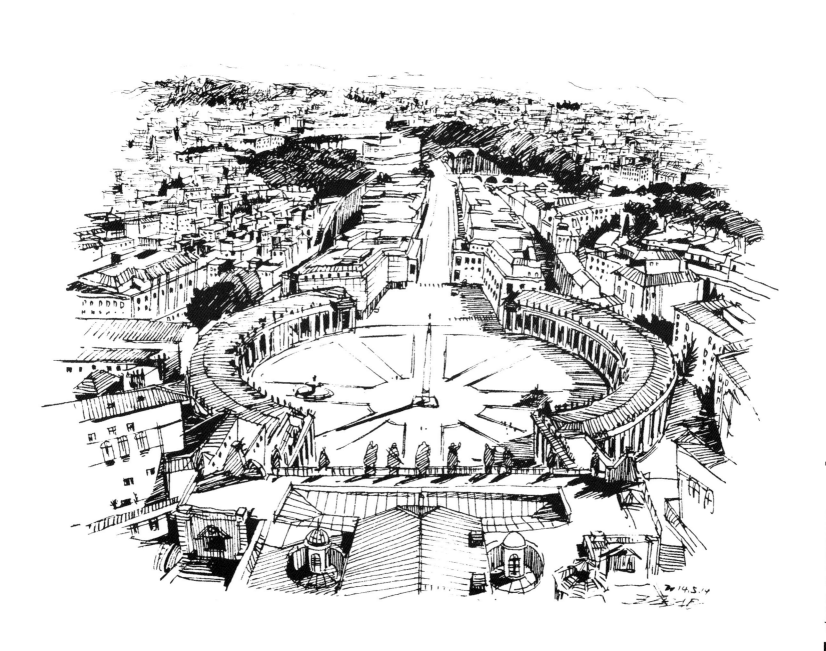

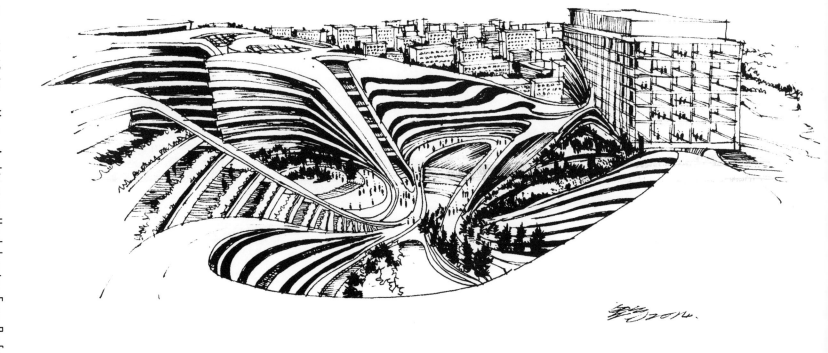

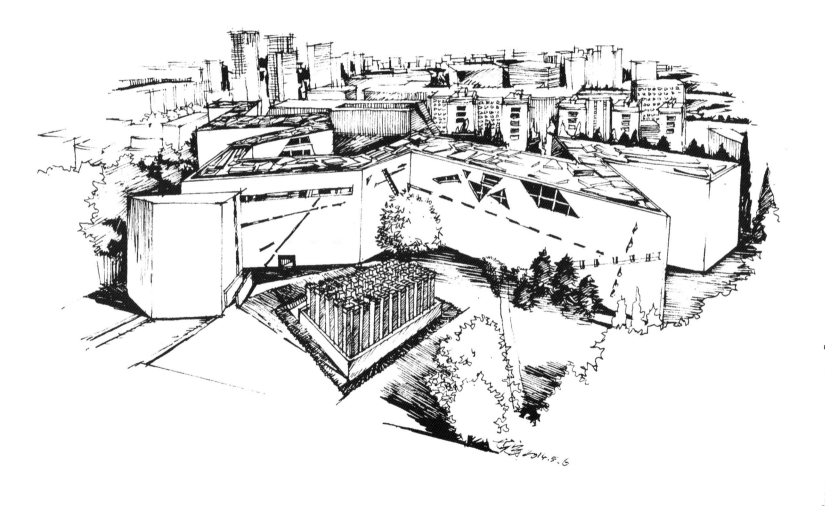

# 第五章 马克表现

色

弋 游

域

# 第一节　要点架构

综合技法以色彩原理为基础，通过讲解不同的要点增强对马克笔及各种"神器"的使用技巧和方法的了解，在课堂中进行优秀案例分析与常见问题分析。

| 练习内容 | 时间 | 纸张数 | 天数 |
|---|---|---|---|
| 工具性能 | 5 小时 | 10 张 | 共五天 |
| 配色方式 | 10 小时 | 20 张 | |
| 材质刻画 | 10 小时 | 10 张 | |
| 综合表现 | 25 小时 | 20 张 | |

## 第二节 色彩原理

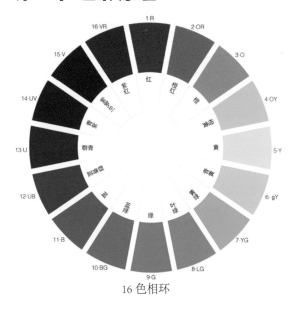

16 色相环

### 2.1 色相环

不同色彩搭配时，色相、纯度、明度会使色彩关系产生变化。

浅色搭配明度对比较弱，浅色与深色搭配明度对比加强。

色环上距离较近颜色搭配画面稳定统一，色环上距离较远颜色搭配画面活跃丰富。

色环上 180° 相对的色彩搭配，画面色彩对比最强。

角度为 22.5° 的两色间，色相差为 1 的配色，称为邻近色相配色。

角度为 45° 的两色间，色相差为 2 的配色，称为类似色相配色。

角度为 67.5°~112.5°，色相差为 6~7 的配色，称为对照色相配色。

角度为 180° 左右，色相差为 8 的配色，称为补色色相配色。

### 2.2 色彩搭配

#### 2.2.1 同类色配色

同类色配色是将相同色调的不同颜色搭配在一起形成的一种配色关系。同类色调的色相、色彩的纯度和明度具有共同性、明度按照色相略有所变化。

#### 2.2.2 对比色配色

对比色调因色彩的特征差异，能造成鲜明的视觉对比。对比色调配色在配色选择时，会因横向或纵向而有明度和纯度上的差异。例如：浅色调与深色调配色，即为深与浅的明暗对比；而鲜艳色调与灰浊色调搭配，会形成纯度上的差异配色。

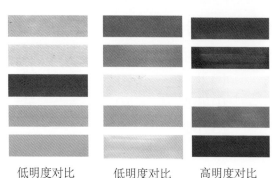

低明度对比　　　低明度对比　　　高明度对比

#### 2.2.3 明度配色

明度是配色的重要因素，明度的变化可以表现事物的立体感和远近感。中国的国画也经常使用无彩色的明度搭配。有彩色的物体也会受到自身色彩的影响产生明暗效果。如最高纯度的紫色和最高纯度的黄色有着强烈的明度差。

# 三节 工具性能

## 马克笔性能

俗话说："磨刀不误砍柴工"。尤其对于手绘初学者而言，了解马克笔性能是至关重要的，马克笔的诞生决定了其命运与属性。马克笔的前身是记号笔，用于标记工业批量化产品的标号。一位设计师在工厂提货时，随手捡了一只磨掉笔头的记号笔画出设计手稿，这一设计草稿风靡一时。这成了开画的切入点，此后马克笔应运而生。马克笔的材质属性就是一种高度概括的色彩工具，它的塑造力以及可修改性远远不如水彩、水粉、油画等色彩工具。马克笔过渡不了的细节就需要彩铅进行弥补，许多材质属性的刻画就需要借助高光笔，改正液等工具来刻画物质反光等，所以马克笔本身优势与弊端非常明显，我们要大力发挥其干净利索高度概括色彩张力的优势，通过彩铅、高光笔等弥补其不易刻画细节的弊端，这样去理解马克笔才能将其运筹帷幄。

 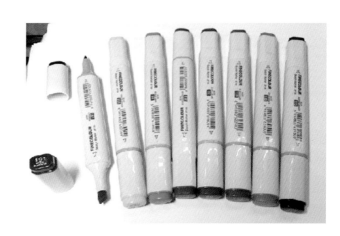

马克笔性能是众多初学者的绊脚石，使得许多初学者不知如何下笔，所以导致画面效果不佳。笔者通过多年的教学实践，来分析马克笔几个特别重要的性能。

### 1 透明性

透明性的色彩工具都缺乏覆盖力，所以这一性能就决定了马克笔叠加的时候只能用重色盖住浅色，所以使得上色步骤是由大面积浅色到深色过渡，想要浅色盖住深色就必须借助辅助工具，如改正液等。

### 2 速干性

马克笔的溶剂大都属于快速挥发性溶剂，一画到纸上，数秒钟就干透，所以要想色彩之间衔接过渡必须得速度快才行，同时马克笔的明度变化也体现在速度上面，同一支马克笔画得速度越快，明度越高，反之明度越低。

### 3 不易修改性

马克笔的溶剂与覆盖力弱等特性就决定了它不具备反复修改的承载力，所以绘制时要大胆肯定，先对配色做到胸有成竹，然后再选择马克笔大胆肯定去描绘，不要优柔寡断，否则就发挥不出马克笔的魅力，尽量在数遍之内画到位，如反复修改将会导致闷、脏等不透气的效果。

### 4 笔头变化属性

马克笔笔头有方头与圆头两种，两者之间的笔触感也不太一样，所以要对笔头进行分析，笔头不同，画面出来的状态也不一样，所以这一特性也是很重要的。这就是为什么许多初学者有比较好的画面感，但是一用马克笔这一工具就发现与自己想要的效果出入特别大。初学者要掌握马克笔的笔触建，顾名思义就是能随心所欲画出自己想要的笔触感，如坚实有力的笔触、柔和湿润的笔触，点线面笔触控制得当。

## 3.2 用笔方法与原则

### 3.2.1 用笔方法

    A. 点的用笔

    B. 线的用笔

    C. 面的用笔

### 3.2.2 用笔原则

    材质属性分类法：硬质物体用笔尽量干净利索刚劲有力；软质物体用笔尽量柔。

    初学者要对物体的材质感有良好的敏感度，才能依据自己的感受来刻画材质。

点

线

面

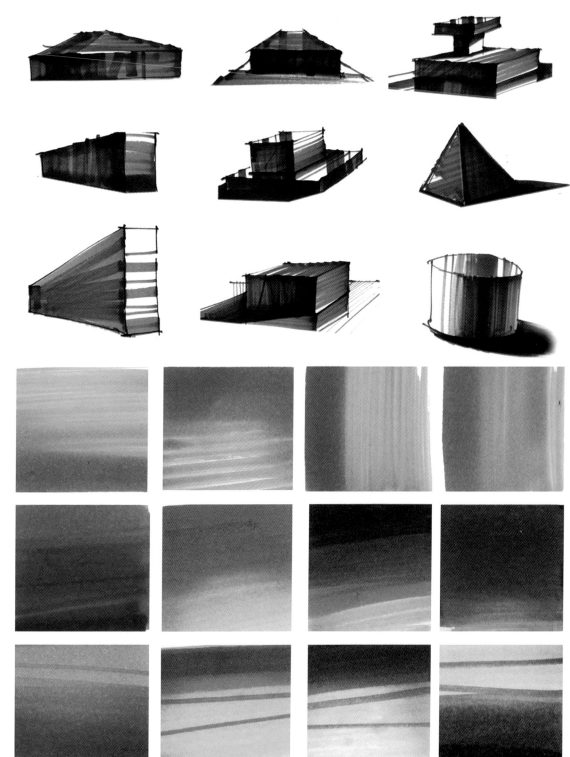

### 3.2.3 马克笔干接湿接技法

A 单色过渡技法

B 面的湿接技法

C 面的干接技法

## 3.3 辅助工具的使用

### 3.3.1 修改液性能及使用方法

修改液有极强的覆盖能力,在马克笔技法表现中常用于对画面细节进行修改。第一通过修改液的提白,可以在表面重复更改马克笔的色彩,使颜色更加丰富,层次更加明确。第二是在受光面点缀高光,营造极强的光感。

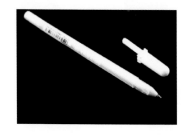

### 3.3.2 高光笔性能及使用方法

高光笔又称勾线笔,由于其笔头极细,又有较强的覆盖能力,可以轻松勾画物体细节。在细节刻画方面可以结合直尺让画面细节更生动。

### 3.3.3 油漆笔笔性能及使用方法

油漆笔具有半透明的覆盖效果,笔头相比修改液更细。在色彩的修改力方面,由于半透明的性能,即使不重复叠加色彩,也能达到丰富画面层次的效果。在细节刻画方面比修改液更加细腻。

## 3.4 彩铅的性能

### 3.4.1 铅笔属性

彩铅笔头细小，刻画力强，能反复雕琢。色彩的变化与过渡很好控制，画暗部应一步到位，忌反复上色，否则会导致暗部油腻不透气。

**A 明度纯度变化易控性**

彩铅的明度由力度与遍数控制，画浅色调时需轻松用笔，浓墨重彩的效果增加力度与遍数。

**B 易修改性**

具备铅笔属性，所以可以擦拭与修改，可以降低初学者的难度，门槛较低。

**C 柔和细腻性**

由于彩铅的笔头可以削得很细，所以在刻画细节方面具备先天优势，能将物体的材质属性刻画细致。

### 3.4.2 铅笔笔触技法

A 用力加强，色彩明度减弱、纯度增强

B 水溶性彩铅在加水调和后色彩更加柔和，过渡更加自然

C 平行线、交叉线、自由曲线的色彩过渡技法

D 不同色彩笔触之间通过力度的改变轻松过渡或进行色彩的叠加

## 3.5 马克笔笔触常见问题

笔触没有秩序感 ▶

不同材质的表现需要用不同笔触和笔法组织来实现，马克笔笔触具有丰富的变化，在绘制过程中应该充分运用。

边界渗透 ▶

马克笔在边界停留时间过长容易出现渗透，小面积渗透时可以用更深的颜色压出形状。

不会留白 ▶

留白部分应该在物体的亮面，不应在暗面和投影中无意识留白，破坏了画面的整体感和光影效果。

十五天玩转手绘自由表现 · 建筑篇 Master Architecture Hand-drawing Free Performance in 15 Days

**害怕快速画** ▶

由于马克笔不具有覆盖性，所以在上色的过程中是由浅到深的，速度越快颜色越浅。所以在画浅色时可快速大胆下笔，画深色时才需谨慎用笔。

**黑白灰关系弱** ▶

在落笔时就应该对黑白灰关系有一个预想，色彩受到色相的干扰有时难以区分出深浅，这时刻意把画画成黑白照片就能理解了，在绘制时需要考虑不同色块的明暗关系。

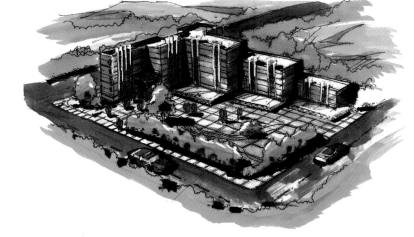

**绘制形体时没有节奏意识** ▶

这里说的节奏是指点线面的节奏关系，一幅画面应是不同点线面的组合，可把植物看作亮面、暗面，水看作边界线、水纹线的组合来绘制。石块和睡莲可看作画面中的点来处理。

## 第四节 元素上色

### 4.1 平面图上色

选笔时确定主色调，做好明度区分和用色规划，先画浅色亮部，后画深色暗部，最后处理投影。强化场地边界、合理留白。

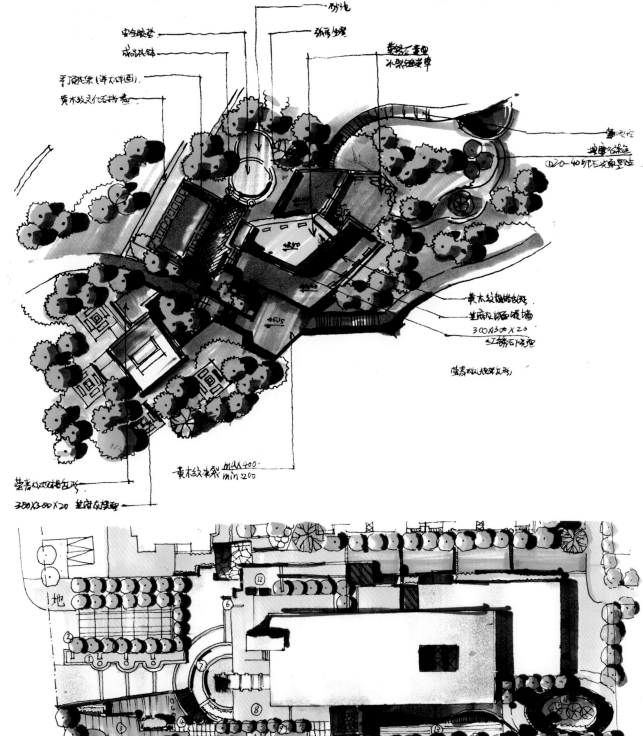

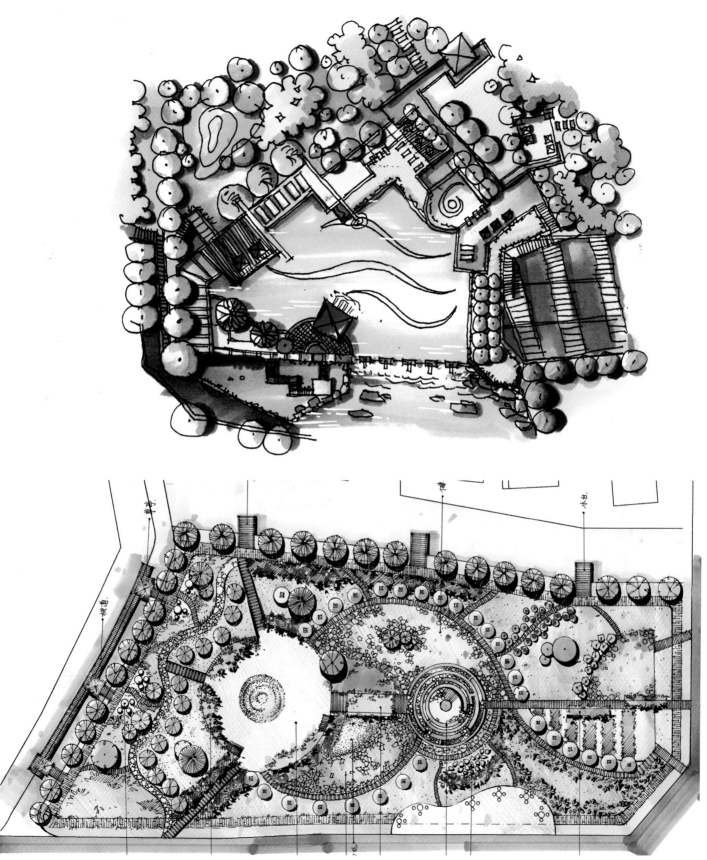

元素上色·**马克表现**·**103**

## 4.2 乔木单体上色

　　选择三、四支具有明度渐变的同一色或邻近色的笔，绘制时把亮面、暗面、枝干分开，边界局部放松笔触，半透明油漆笔可以画高光和枝干形状，在硫酸纸、打印纸、宣纸等材料上色可形成不同效果。

## 4.3 灌木单体上色

不要被植物的细节束缚，先把整体亮面暗面分开，处理细节时用油漆笔、高光笔提亮前端细节，再用重色压住暗部，注意边界与线稿的吻合。

## 4.4 草地配景上色

注重草地的整体感及前后空间变化、明度变化、色彩冷暖变化、纯度变化。近景草地可运用高光笔或油漆笔刻画草地细节。

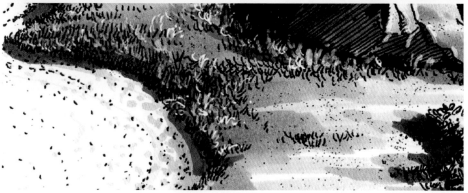

## 4.5 石头单体上色

硬质物体亮面快速带过，暗面和亮面应有强烈的区分，选择不同的色彩倾向加入，高光笔或油漆笔画出棱角感和细节。

## 4.6 水体上色

### 4.6.1 动水上色

注重表现水的流动感，依据水的特点，亮与暗有强烈的对比，在用改正液或油漆笔画流动水形时底色应是较深的颜色，笔触应具有速度感和疏密关系。

### 4.6.2 静水上色

边界肯定，倒影渐变且形状与垂直方向物体有对应关系，不同颜色快速湿接形成润泽的融合色彩。结合彩铅画出水中倒影的细腻变化。

## 4.7 铺装上色

　　铺装上色主要分为底色、反光色、环境色。底色可快速平铺或依照透视方向湿接画出渐变，反光应是垂直方向的用笔，适当融入环境色，用小笔触刻画铺装细节。

## 4.8 天空上色

### 4.8.1 晴天马克表现

柔软的天空质感可侧方向使用笔头并转动笔头画出，留白的形状应该与所画形状具有咬合关系。

### 4.8.2 多云马克表现

卷曲的云应该体现出亮面与暗面的区分，主观处理点线面的对比关系。

### 4.8.3 阴雨马克表现

云雨的背景天空颜色较深时才能体现出雨水的细节，半透明油漆笔画远处的雨水，白笔画近处的雨水，这样才会使之产生空间感。

## 第五节  建筑单体上色

## 第六节 步骤上色

马克笔上色步骤（1）

第一步：铺大色

　　根据所要绘制图的格调，进行内心配色。如黄绿色是整个色调的主体色，就应合理安排黄绿色在整个画面中的百分比、辅助色的百分比、各色彩的纯度与明度关系。在配色完成后，对整个画面的色调胸有成竹。先配色后上色对初学者而言尤为重要，否则无法驾驭整体色调。

第二步：光影效果

　　在整个画面的大色调铺设完毕之后，注重投影与物体形状的对应关系，并迅速将整个画面的光影关系建立起来，将画面的黑白灰关系拉开。这种从整体入手的绘制方式有利于初学者自信心的建立。

第三步：细节刻画

　　从画面主体物开始刻画，将物体的细节，肌理，材质等刻画到位，然后根据画面物体的主次关系逐一刻画。此过程注意画面节奏，避免平均对待而导致缺乏张力与节奏感。

第四步：调整

　　整个细节刻画完之后画面的主次关系、结构关系、光影关系会相对减弱，所以最后一步要有所取舍，保证整体关系，舍而有所得。

## 马克笔上色步骤（2）

第一步：铺大色

第二步：光影效果

第三步：细节刻画

第四步：调整

马克笔上色步骤（3）

第一步：铺大色

第二步：光影效果

第三步：细节刻画

第四步：调整

马克笔上色步骤（4）

第一步：

第二步：

第三步：

# 马克笔上色步骤（5）

第一步：

第二步：

第三步：

## 马克笔上色步骤（6）

# 大师案例 # 梵蒂冈圣彼得广场

设计师：贝尔尼尼

位于梵蒂冈的圣彼得广场是罗马最大的广场，坐落在台伯河西岸。广场前面有一条灰石，是意大利与梵蒂冈的国界线。广场以其正面的圣彼得教堂得名。圣彼得广场以及两旁的柱廊是著名建筑师和雕刻家贝尔尼尼在 1656 年设计的，耗时 11 年完成。站在广场的中轴线上，前后两排的石柱很巧妙地重叠在了一起，是圣彼得广场的一个特色。贝尔尼尼提倡华丽、夸张为特点的巴洛克式艺术风格，并以此而闻名于世。

第一步：

第二步：

线稿：

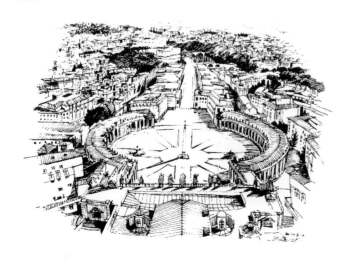

第三步：

## 马克笔上色步骤（7）

#大师案例#伦敦瑞士保险总部大厦

设计师：诺曼·福斯特

这座建筑是伦敦中心区 25 年中建造的第一幢摩天楼。由于彻底改变了伦敦的天际线，它在建设之初曾饱受攻击，建成后却以"最新颖设计的建筑"获"英国皇家建筑学会斯特林奖"。从头到脚都是浑圆形状，外立面上没有标志性的大门、窗户，从各个角度看上去都没有什么区别，给人一种毫无方向感的迷茫印象，疏离于周围狭窄的街道、古老的建筑。

第一步：

第二步：

线稿：

第三步：

## 马克笔上色步骤（8）

# 大师案例 # 上海徐汇华鑫展示中心

设计单位：山水秀建筑事务所

主设计师：祝晓峰

华鑫展示中心以建筑与植物结合的方式，展现了人与自然和谐相处的画面，给人以一种亲近自然的感受。在满足人类的需求的同时，也担当了人与环境之间的媒介。当人们行走于展示中心之时，在漫步的路上会呈现屋子、院落、小桥流水以及它们所接引的不同风景。在建筑的室内小憩的同时，又能与大树的枝叶亲密接触。这是一件建筑和自然完美合作的作品。

第一步：

第二步：

线稿：

第三步：

## 马克笔上色步骤（9）

# 大师案例 # 北京三里屯 VILLAGE

设计者：隈研吾

北京三里屯 VILLAGE 有 19 座独立的建筑，采用了大胆的动态用色和不规则的立体线条，开放的空间加上点缀其中的花园、庭院，以及四通八达的胡同，营造出一种引人入胜的全新格局。在项目的创作中，隈研吾更大量地运用自然材质，打造别具一格的空间感，使得三里屯 VILLAGE 从众多传统设计的购物中心里脱颖而出，成为北京城里的玩乐热点。

第一步：

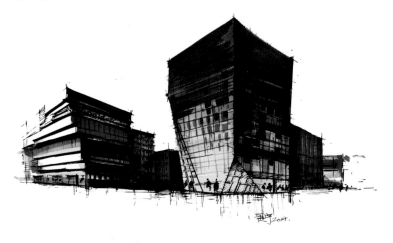

第二步：

线稿：

第三步：

## 马克笔上色步骤（10）

# 大师案例 # 杭帮菜博物馆

设计师：崔恺

中国杭帮菜博物馆，坐落在南宋皇城遗址旁的江洋畈原生态公园。博物馆毗邻西湖，与钱塘江风景串联成片，周边空气清新，人称天然氧吧。博物馆主体建筑采用现代的建筑材料和技术手段，再现传统杭州建筑的空间组织精神和元素，通过坡屋顶、清水墙、全玻璃幕墙等建筑手法，体现杭州建筑的秀雅神韵。整个建筑群体临山面如吴冠中笔下的江南小镇白描入画，临湖面则碧绿通透，玲珑有致，与原生态公园环境相切相融，充分体现其生态建筑的特点。

第一步：

第二步：

线稿：

第三步：

## 马克笔上色步骤（11）

# 经典案例 # 凯旋门

设计师：让·夏格伦

巴黎凯旋门，位于法国巴黎的戴高乐广场中央，香榭丽舍大街的西端，是拿破仑为纪念 1805 年打败俄奥联军的胜利，于 1806 年下令修建"一道伟大的雕塑"，迎接日后凯旋的法军将士。断断续续经过了 30 年，凯旋门终于在 1836 年 7 月 29 日举行了落成典礼。

第一步：

第二步：

线稿：

第三步：

## 马克笔上色步骤（12）

# 古典园林 #Beko Masterplan

设计师：扎哈·哈迪德

位于古老的卡莱梅格丹城墙的旁边。该项目要把住宅、商业、会议中心和五星级酒店等元素都融合在一起，同时又要保持它们各自的独立性，与建筑天衣无缝地衔接，创造出具有流动感的城市风景。公共空间与私人空间相互重叠渗透，建筑融入景观，形成一系列动态的环境和连续的建筑。

第一步：

第二步：

线稿：

第三步：

## 马克笔上色步骤（13）

# 大师案例 # 中央电视台总部大楼

设计师：雷姆·库哈斯

中央电视台新台址，位于北京商务中心区。内含央视总部大楼、电视文化中心、服务楼、庆典广场。中央电视台总部大楼建筑外形前卫，被美国《时代》评选为 2007 年世界十大建筑奇迹。"2013 年度高层建筑奖"评选在美国芝加哥揭晓。中央电视台新址大楼获得最高奖——全球最佳高层建筑奖。

第一步：

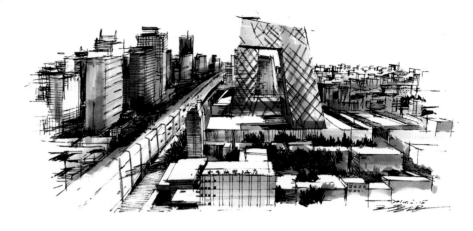

第二步：

线稿：

第三步：

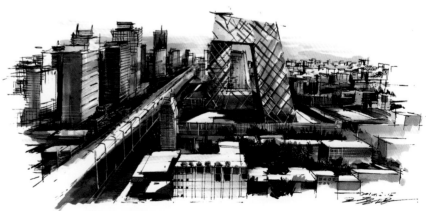

## 马克笔上色步骤（14）

# 大师案例 # 犹太人纪念馆

设计师：丹尼尔·里伯斯金

　　柏林犹太博物馆是欧洲最大的犹太人历史博物馆。整个博物馆建筑可以说是一个介于建筑学和雕塑间的艺术作品。此博物馆的基地图，从上方看是闪电状的线型，呈之字形，这也是其绰号"闪电战"（blitz）的由来。外观则由镀锌金属片覆盖，窗口都是斜线状，不规则的横割建筑物本体，这些窗口线是依据柏林地图上的一些犹太历史地点而被连起的，它们也被视为联结德国犹太人不同时期的破碎的象征。

第一步：

第二步：

第三步：

# 第七节 作品赏析

　　水彩上色，颜色纯度会自然降低，使用纯度高的深蓝作投影，重色通透，整个画面呈绿色的色调，初夏时节，给人神清气爽的感觉。充分展现了一种生意盎然的氛围，表达了轻松的生活态度。

使用工具：钢笔、水彩、直尺。

线稿整密有力，硫酸纸上色，绿与紫灰形成主色调，建筑整体感强，植物细节丰富，展现了一种古朴的气氛。绿树丛中几处中式院落，排放疏密得当，在树丛中若隐若现。人们稀稀落落，或游园，或戏水，给人闲适的感觉。

使用工具：钢笔、水彩、直尺。

水彩渲染画面透明感强，东南亚式高顶建筑特点鲜明，屋顶与灯形成强烈明度对比，室内的暖色调与室外冷色调过渡自然，室内的木质颜色加上星星点点的彩色，承接着室外不同层次的绿色，盛夏好乘凉。

使用工具：钢笔、水彩、直尺。

此作品将深圳京基金融中心的磅礴气势展现得淋漓尽致。建筑冲出树丛，直飞冲天。画面中线条十分硬朗，展现了这个钢架建筑物英姿飒爽的特色。
马克笔配合油漆笔上色，底部细节丰富写实与顶部放松润泽形成强烈对比。

使用工具：美工笔、马克笔、高光笔。

线稿细致，水彩与彩铅配合上色，植物结构清晰，重色分布得当，与物体结构紧密结合。画面风格清新，明朗。给人以轻松愉快的感觉，让人看过之后心情爽朗，放松。

使用工具：针管笔、水彩、彩铅

土红马克笔与紫红彩铅搭配表现古建筑的岁月沧桑，浓郁的绿与红形成鲜明的对比，为古典庭院注入新的力量，多变而娴熟的笔触变化表现得淋漓尽致。

使用工具：美工笔、马克笔、油漆笔、修正液、彩铅。

　　明度对比强烈，点线面构成感强，一遍上色，画面轻松有力，建筑简单的线条感和明快的颜色在周围的车辆和植物的衬托下显得尤为突出，整个篇幅的色调较暗，展现了寂静凄冷的氛围。

使用工具：针管笔、马克笔、高光笔。

先上重色，掌握好画面平衡感，前景植物高纯度与建筑形成鲜明对比，大块的黑白灰使画面显得坚实有力。

使用工具：针管笔、马克笔、高光笔。

整个画面清晰，明朗，黑白灰关系明确。主要刻画了右侧的主建筑物，整个画面有主有次。伸展到远处时，色彩也逐渐变淡，展现出了整个画面的延伸感。

使用工具：针管笔、马克笔、高光笔。

马克笔干接湿接运用自如，金黄色与重灰色对比强烈，水面色彩融合，运用白笔画物体高光，简洁明朗。夕阳的余晖洒到这座建筑物上，安静、怡然。所有的建筑物都安然地休憩在水边，展现出静谧的氛围。

使用工具：针管笔、马克笔、高光笔。

灰色调，高明度对比，简洁平稳，前后纯度对比鲜明，拥有强烈的纵深感。

使用工具：针管笔、马克笔、高光笔。

侧笔头扫出线条，似风吹过，植物笔触松动与建筑的清晰体块对比，交相辉映，透视延伸感强，整个画面明快，带一丝凉意。

使用工具：针管笔、马克笔、高光笔、油漆笔。

　　钢笔与水彩的结合，水分适宜，画面柔润，北京林业大学的学研大厦在作者的笔下变得清新而不失气势，仿佛一场大雨过后，雨过天晴，天边泛起了彩虹，行人们都收起了雨伞踏着光滑的路面走向大楼，大楼的墙面也被洗刷干净。

使用工具：钢笔、水彩。

钢笔淡彩，亮色干净，重色压住物体结构和投影。沿着弯曲的山路，脚踩斑驳的石阶，吸一口清新的空气，感受着两旁木作泥筑的房屋带来的淳朴气息，整个人都变得清爽起来。

使用工具：钢笔、水彩。

　　墙面留白对比树影的姿态美，注重笔触的组合形式，重色恰到好处，近处植物叶片由白笔绘制，它将中式园林建筑的古朴感展现得淋漓尽致的同时，又给它增添了很多愉悦的气息。

使用工具：钢笔、马克笔、油漆笔、修正液。

重点突出，两座建筑明度、纯度对比强烈，周围环境用松动的方式绘制，近实远虚，纵深感强。

使用工具：钢笔、马克笔、油漆笔、修正液。

黄蓝配色，加上前景重灰与中景门洞的黑，使得整个画面具有强烈聚焦感。夜幕降临，整个罗马城都已经沉睡，惟有罗马斗兽场灯火通明，仿佛激烈的喧闹声还在上空回荡。

使用工具：铅笔、美工笔、马克笔、修正液。

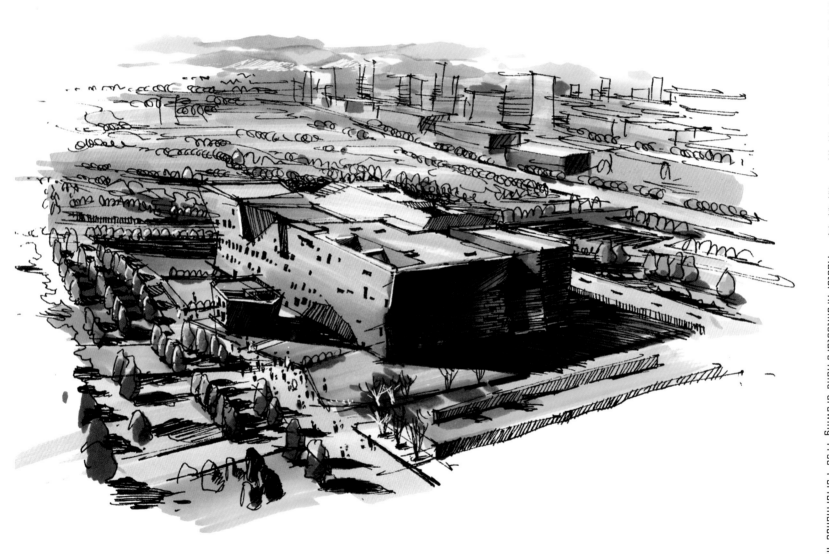

　　天空用晕染湿接的方法绘制，黄灰与亮绿配色，画面清晰，稀落的行人围绕在建筑物的周围，使主建筑物显得格外突出。

　　使用工具：钢笔、马克笔、高光笔。

　　线稿细致入微，七分线稿三分色，亮面的黄灰与暗面的紫灰形成补色对比，画面充满活力。如往常一样，此刻的巴黎圣母院还像往常一样吸引了无数国内外来瞻仰与欣赏的游客。它依然坐落在塞纳河畔，庄重、严肃的氛围与喧闹的人群形成了鲜明的对比。

使用工具：钢笔、马克笔。

与巴黎圣母院前方的广场不同，后侧的花园十分静谧、安然。葱葱的灌木丛藏在这庄严的建筑物之下，为它带来了无限的生机。

使用工具：钢笔、马克笔。

　　阴雨天气的绘制使用深蓝灰画暗部，白笔画出统一方向的细雨，春雨纷纷，乌云的笼罩和雨水的洗礼为中国美术馆增添了一份神秘感，而周围的绿草和水流又显露了它的清新。

　　使用工具：钢笔、马克笔、高光笔、油漆笔。

　　修正液画雪的形状，白笔画出硬朗的建筑表皮，远处雪山的冷峻景色与近处建筑物及植物的暖色形成了对比，更加凸显出了前方的建筑物，让人眼前一亮。

使用工具：钢笔、马克笔、高光笔、修正液。

半干的马克笔扫出建筑立面的粗糙感，黄绿湿接画出阳光洒在植物上的状态，水面多种颜色融合，表现出安静释然的乡村景色。

使用工具：钢笔、马克笔、高光笔、修正液。

（1）不同的物体使用不同明度的笔，笔触垂直以结构方向为主，植物边界点面结合，转动笔头形成不同笔触感。

（2）远景用美工笔绘制，黑白分块的画面构成，简洁明了。

使用工具：钢笔、马克笔、油漆笔。

　　弧形建筑物的绘制，从深到浅、用面到线的方式过渡，用笔速度快，明度关系强烈。在晴朗的天气里，万里无云，建筑物安静地躺在大地上，伴着背后的天空，仿佛在欣赏这难得的好天气。

　　使用工具：钢笔、马克笔、修正液。

　　涂抹修正液结合流线型线稿，光感十足，两幅夜景，却给人不同的感受。第一幅流线型的建筑物，在幽暗的天空的映衬下显得十分安详，悠然。而第二幅作品中的鸟巢，刺眼的灯光仿佛在向我们解读鸟巢内的热闹景象，是演唱会还是体育比赛？让我们去聆听。

　　使用工具：钢笔、马克笔、高光笔、修正液。

橙蓝配色，用笔灵活，黑白灰关系明确，一条小桥将我们的脚步吸引到了这座造型别致的建筑物旁。

使用工具：钢笔、马克笔、修正液。

草绿与建筑上的灰色搭配清新而厚重，投影的深蓝与天空呼应，使建筑物带有十分厚重的历史感，藏在高大的绿树丛中，像在诉说着古老的故事。

使用工具：钢笔、马克笔、高光笔、修正液。

　　干枯的重灰色与亮黄色结合，快速平扫，水面纯度降低一个层次，幽暗的天空也不能减弱建筑物内的热闹氛围，旁边的水中倒映出它愉快的色彩。

使用工具：钢笔、马克笔、高光笔。

　　山与建筑色彩融合，留出亮黄的窗户，两种黄进行过渡，犹如建筑从山石中生长而来。虽然汶川地震将山河摧毁，但仍抵挡不了人类向往生存的力量。前方的建筑物与远方的山川一并，向大自然诉说着誓言。

使用工具：钢笔、马克笔、修正液。

　　运用直尺、白笔和修正液画建筑高光和结构，前景树影的线条错落有致。整体画面轻松愉悦，为沉睡的大楼披上了一层彩色的新衣。别致的表现手法使建筑物十分突出，仿佛在黑夜中跳跃。

使用工具：钢笔、马克笔、高光笔、修正液。

建筑立面绘制注重体块感，天空注重用笔的疏密节奏，建筑物安静地坐落在大地上，天空仿佛在跳舞，为整个画面增添了生机。

使用工具：钢笔、马克笔、修正液。

着重绘制地面的材质感，反光处垂直用笔，与白色建筑物形成对比，橙色构筑物用半干笔绘制，表现粗糙质感，整个画面清新明亮。

使用工具：钢笔、马克笔、高光笔、修正液。

松动的天空用笔与分隔明显的建筑用笔形成反差，建筑的曲线优美，如舞姿般给人生动活泼的感受。

使用工具：钢笔、马克笔、高光笔。

　　运用黄绿色调，绘制出一片生机勃勃的景象，色彩冷暖对比强烈，星星点点的鲜花打破沉寂，烘托道路边缘，整体活泼清爽。

　　使用工具：钢笔、马克笔、高光笔、修正液。

画面色彩丰富，黄绿色调为主，手法放松的环境与线条硬朗的建筑物形成鲜明对比，有主有次、有实有虚，烘托出一片生气勃勃的景象。

使用工具：钢笔、马克笔、高光笔、修正液。

小桥流水与河边的青石板路动静结合，为整体古朴安静的小山村注入活力。植物的暖色调与房屋、道路的冷色调更是相得益彰。

使用工具：钢笔、马克笔、彩铅、修正液。

以黄色调为主打造的环境与灰色调的建筑对比明显，环境松动的用笔手法突出了建筑物线条的硬朗，风格明显。

使用工具：钢笔、马克笔、彩铅、高光笔、修正液。

　　运用蓝绿色调，使建筑物突出又融入环境当中，细节到位，补色的应用恰到好处，用笔手法放松、细腻。

　　使用工具：钢笔、马克笔、彩铅、高光笔、修正液。

　　运用暖黄色调，打造出一幅深秋的景象，色彩冷暖对比协调，星星点点的补色使环境更加丰富多彩，建筑物硬朗的线条使人感受强烈，丝毫不被前部的树木所干扰。画面整体活泼有趣。

使用工具：钢笔、马克笔、彩铅、修正液。

绿色调为主，用纯度、明度不同的补色丰富画面，烘托画面效果，色彩冷暖对比协调，彩铅扫出的天空打破沉寂，为画面注入更多活力。
使用工具：钢笔、马克笔、彩铅、高光笔、修正液。

主体建筑造型独特，硬朗的线条更是从用笔手法轻松的环境中脱颖而出，色彩柔和清新，虚虚实实的人物使画面具有更多看点，同时增加了画面的趣味性。

使用工具：钢笔、马克笔、高光笔、修正液。

# 七手绘—中国反模式化手绘艺术教育首创品牌

## 编后语

感谢杨凡副教授为建筑篇作序，感谢郑昌辉、彭自新、黄利兵、韩光、孙松林、陈蕊、刘斯洲、李明、张默思、许基沛等设计师为本套书提供不同风格的手绘作品。感谢费海玲、杜一鸣编辑为本套丛书的顺利出版提供的帮助与支持。希望本套丛书的面市能为更多的学生、设计师、手绘艺术爱好者提供良好的学习交流机会，同时期盼更多的人加入"七手绘"。本书历经四年的研究与总结，敬希广大读者对本书的不足之处不吝指教，在此谨对为本书提供帮助的朋友们表示诚挚的感谢。

官网：www.7shouhui.com

电话：010-56038965

邮箱：1934361720@qq.com

地址：北京市海淀区清华东路 35 号北京林业大学科技园 202 室